엄마 화 잘 내는 법

엄마 화 잘 내는 법

초판 1쇄 펴냄 2018년 11월 30일
2쇄 펴냄 2021년 7월 12일

지은이 나가나와 후미코, 시노 마키, 고지리 미나
옮긴이 서수지

펴낸이 고영은 박미숙
펴낸곳 뜨인돌출판(주) | 출판등록 1994.10.11.(제406-251002011000185호)
주소 10881 경기도 파주시 회동길 337-9
홈페이지 www.ddstone.com | 블로그 blog.naver.com/ddstone1994
페이스북 www.facebook.com/ddstone1994 | 인스타그램 @ddstone_books
대표전화 02-337-5252 | 팩스 031-947-5868

ISBN 978-89-5807-697-1 13590

엄마 화 잘 내는 법

나가나와 후미코 · 시노 마키 · 고지리 미나 지음
서수지 옮김 ㅡ 사단법인 일본 앵거 매니지먼트 협회 감수

뜨인돌

이럴 때 똑똑하게 화내시나요?

잠깐 나갔다 돌아왔는데 둘이 싸워서 동생은 울고 있고,
집은 난장판일 때…….

내가 못살아!
이앙
휙

양말…
여기 있는 양말을 왜 못 찾아!
옷 입으라고 한 지가 언제야!
배 아파ㅡ

늦게 일어난 아침, 마음이 급한데
남편은 뭔가 찾아 달라 하고,
첫째는 꼼지락거리며 등원 준비도 안 하고,
둘째는 배 아프다고 징징대고…….

행복 지킴이 요정이 어머니들에게 보내는 메시지

"뭐 하는 거야!" "그만하라고 했지!" "제발! 엄마 말 좀 들어!"
휴, 오늘도 예외가 없는 하루였습니다.
악을 쓰고 소리 지르며 아이들에게 화를 쏟아내는 못난 엄마…….
혹시 부족한 엄마라며 자신을 미워하고 탓하고 있지는 않은가요?

이제 자책은 그만!
화내지 않겠다고 다짐할 필요도 없습니다. 화 자체가 나쁜 건 결코 아니니까요.

저도 아이를 키우며 수도 없이 화를 냈습니다.
하루도 화내지 않고 넘어가는 날이 없을 정도였죠.
애먼 아이에게 화풀이를 하고 나서, 아이의 마음을 헤아려 주지 못한 것 같아
내가 엄마 자격이 있는 걸까 하고 머리 싸매고 고민하는 날이 많았습니다.
아마 세상 모든 엄마의 고민이 아닐까요?

하지만 지금은 아이에게 화를 내도 걱정하지 않습니다.
왜냐고요? 똑똑하게 화내는 법을 알고 있기 때문이랍니다.

화를 내고 나서 후회하지 않으려면 내가 왜 화를 내는지 상대방에게 확실하게
전달해야 합니다. 그게 똑똑하게 화를 내는 방법이지요.

자, 이제 화를 다스리는 법, 똑똑하게 화내는 법을 배우고 익혀
사랑하는 아이와 행복한 관계를 만들어 나갑시다.

자, 오늘부터 분노로 폭주하지 않는 엄마가 됩시다!

차례

Chapter 1

당신은 어떤 분노 유형의 엄마?

◆ 자신의 유형을 알아야 화내는 습관에 맞춤 처방을 할 수 있다!

◆ '분노 유형' 진단

3분이면 알 수 있는 '분노 유형' 진단

아래의 Q 01에서 Q 24까지 읽고 대답해 봅시다. 점수를 빈칸에 적어 봅시다.

전적으로 그렇다 … 6점 | 그렇다 … 5점 | 대체로 그렇다 … 4점
대체로 그렇지 않다 … 3점 | 그렇지 않다 … 2점 | 전혀 그렇지 않다 … 1점

Q 01	내 육아 방식이 옳다고 확신한다.	
Q 02	사회의 규칙이나 학교의 교칙 등은 아이뿐 아니라 부모도 지켜야 한다.	
Q 03	다른 사람의 감정을 잘 배려한다.	
Q 04	날 때부터 인성이 나쁜 아이도 있다고 생각한다.	
Q 05	무슨 일이든 수긍할 수 있을 때까지 파고들어야 직성이 풀린다.	
Q 06	하고 싶은 말은 해야 한다.	
Q 07	아이 친구 엄마들이 나에 대해 뭐라고 말하는지 신경이 쓰인다.	
Q 08	아무리 작은 실수도 그냥 넘어가지 않는다.	
Q 09	내가 정한 규칙을 중시한다.	
Q 10	남편이나 시어머니의 말은 곧이곧대로 듣지 않는다.	
Q 11	호불호가 확실하다.	
Q 12	앞뒤 가리지 않고 행동할 때가 있다.	
Q 13	내가 해 준 만큼 남도 나에게 해 주기를 바란다.	
Q 14	아이는 엄격하게 훈육해야 한다.	
Q 15	고집이 세다는 말을 자주 듣는다.	
Q 16	내 이야기를 할 때보다 남의 이야기를 들을 때 마음이 편하다.	
Q 17	무슨 일이든 잘잘못을 가리고 싶다.	
Q 18	미적미적 미루지 않고 행동력이 있다.	
Q 19	나는 자존심이 강한 편이라고 생각한다.	
Q 20	지나치게 도덕적인 사고방식은 답답하다.	
Q 21	외모와 성격이 딴판이라는 말을 자주 듣는다.	
Q 22	무슨 일이든 확실하게 결론을 내리고 싶다.	
Q 23	우유부단한 태도는 질색이다.	
Q 24	관심 있는 일에는 어떻게든 끼어든다.	

나의 분노 유형은?

가장 높은 점수가 나의 유형

Q 01	점	+	Q 07	점	+	Q 13	점	+	Q 19	점	= 총	점	》 타입 A
Q 02	점	+	Q 08	점	+	Q 14	점	+	Q 20	점	= 총	점	》 타입 B
Q 03	점	+	Q 09	점	+	Q 15	점	+	Q 21	점	= 총	점	》 타입 C
Q 04	점	+	Q 10	점	+	Q 16	점	+	Q 22	점	= 총	점	》 타입 D
Q 05	점	+	Q 11	점	+	Q 17	점	+	Q 23	점	= 총	점	》 타입 E
Q 06	점	+	Q 12	점	+	Q 18	점	+	Q 24	점	= 총	점	》 타입 F

타입 A

든든하게 의지할 수 있다! 왕언니 엄마

타입 B

정의의 사도! 원더우먼 엄마

타입 C

초지일관! 마이 페이스 엄마

타입 D

용의주도! 신중파 엄마

타입 E

시시비비를 가리고 싶어! 똑순이 엄마

타입 F

자유분방! 행동파 엄마

타입 A 든든하게 의지할 수 있다! 왕언니 엄마

왕언니 유형은 어떤 사람?

- 매사에 진취적.
- 일이 자기 뜻대로 풀리지 않으면 짜증을 낸다.

왕언니 유형은 이런 사람

- 매사에 당당해 엄마들 사이에서도 존재감이 돋보인다. 겁이 없는 성격에 무슨 일이든 믿고 기댈 수 있는 대장 엄마.
- 자존심이 세고 자기애가 넘치는 사람. 누군가 자신에게 의지하면 용기백배, 힘이 솟구치는 성격.
- 드세 보이지만 알고 보면 여린 마음의 소유자, 일명 두부 멘탈. 다른 사람의 평가에 신경을 쓰고 나쁜 평가에는 금세 기가 죽는다. 무례한 태도에 상처 받고 불의의 기습에 약하다.

◆ 분노 스위치가 켜져 화가 났을 때 말버릇 ◆

스위치❶ 바빠 죽겠는데 마음대로 안 되면 짜증이 솟구친다.

말버릇 왜 내 말대로 안 해?

스위치❷ 아이가 말대꾸를 하면 울컥 짜증이 치민다.

말버릇 어른 말에 자꾸 토 달래!

스위치❸ 말 안 하고 뚱하게 있으면 답답하다.

말버릇 내 말, 듣고 있어?

◆ 분노를 줄이는 비결 ◆

비결❶ 할 일을 찾아 쉴 새 없이 분주하게 움직인다. 그런데 매사가 계획대로 풀린다는 보장은 없다. 계획이 틀어졌을 때는 '세상에는 내 마음대로 되지 않는 일도 있는 법이지!'라고 스스로 마음을 다독인다.

비결❷ "그건, 좀 아닌 거 같은데?"라는 지적을 받으면 상처 받고 금세 주눅이 드는 여린 왕언니. 오늘부터 '의견과 비판을 구별'해 보자. 마음이 한결 가벼워질 것이다.

비결❸ 상대방이 반응하지 않으면 나를 무시하거나 우습게 본다고 생각하는 나쁜 버릇이 있다. 다른 사람이 나에게 집중해 주지 않으면 상처 받기 쉬운 성격임을 스스로 알면 쓸데없는 짜증이 줄어든다.

타입 B 정의의 사도! 원더우먼 엄마

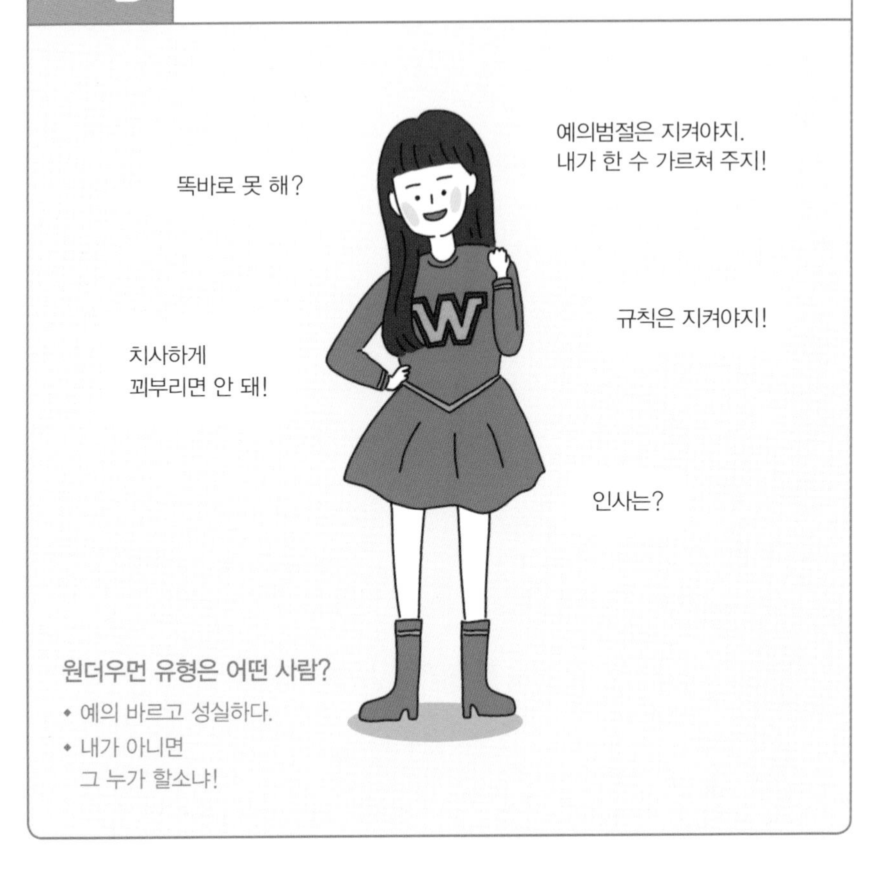

원더우먼 유형은 이런 사람

- 정의감이 넘치고 비뚤어진 사고방식이나 행동거지는 질색. 신념을 가지고 꿋꿋하게 밀어붙인다.
- 무례하고 예의범절을 모르는 사람에게 한마디 하지 않고는 못 배긴다. 내가 어떻게든 처리해야 한다는 의무감이 남들보다 곱절로 강하다.
- 주위에서 성실한 사람으로 소문이 자자하다. 곤경에 처한 사람을 보면 그냥 지나치지 못한다. 정의와 관련된 일에는 물불 가리지 않고 덤벼든다!

◆ 분노 스위치가 켜져 화가 났을 때 말버릇 ◆

스위치❶ 따돌림이나 약자를 괴롭히는 사람들을 보면 와락 화가 치민다.

말버릇 왕따는 안 돼!

친구들이랑 모두 사이좋게 놀아야지!

스위치❷ 아이가 거짓말을 하거나 다른 사람에게 폐를 끼치면 짜증 폭발.

말버릇 거짓말하는 못된 버릇은 어디서 배웠어!

죄송하다고 얼른 사과드려!

스위치❸ 답례나 인사를 하지 않으면 짜증이 난다.

말버릇 감사하다고 인사해야지!

◆ 분노를 줄이는 비결 ◆

비결❶ 바른 소리를 무기로 휘두르다가 자승자박에 빠지고, 상대방의 입장이나 생각을 받아들이지 못해 불협화음을 일으키기도 한다. 상대방의 말에 귀를 기울이고, 옳고 그름에 너무 집착하지 않도록 주의해야 한다.

비결❷ 예의범절이나 규칙은 분명 중요하다. 예절을 중시하는 태도는 칭찬받아 마땅하지만, 예의를 지키지 않는 사람을 보더라도 관대하게 넘어갈 줄 아는 여유가 필요하다! 굳이 나서서 바로잡아 주려고 하지 말자. 불필요한 참견을 너무 자주 하면 관계가 나빠질 수 있으니 자중하자.

비결❸ '적당히 눈을 감아 주고, 보지 않아도 좋을 일은 굳이 보려고 하지 말자'는 마음가짐이 필요하다.

타입C 초지일관! 마이 페이스 엄마

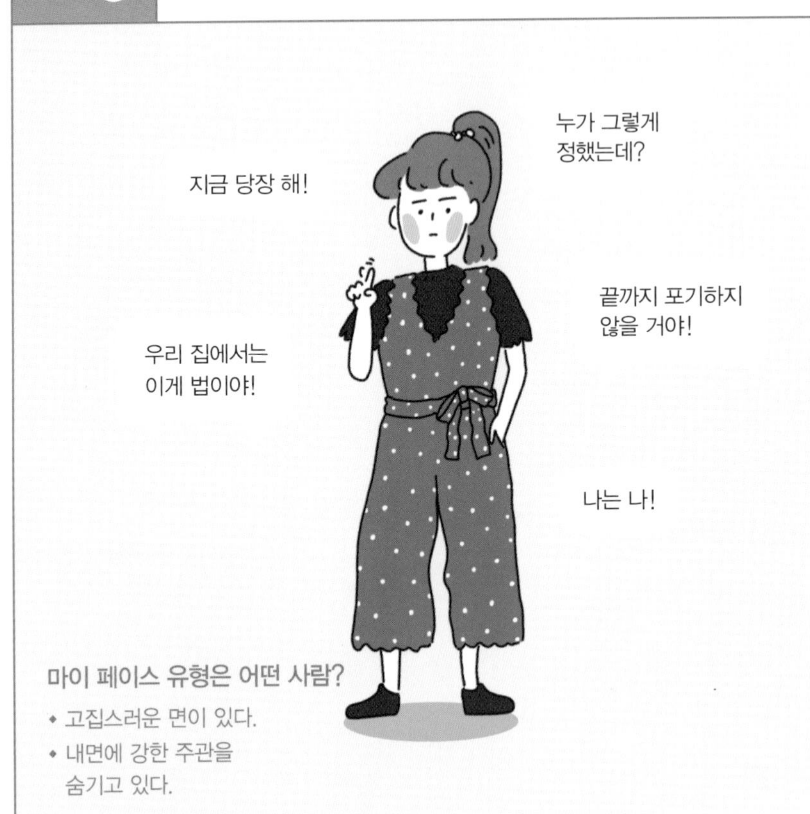

마이 페이스 유형은 어떤 사람?

- 고집스러운 면이 있다.
- 내면에 강한 주관을 숨기고 있다.

마이 페이스 유형은 이런 사람

- "어쩜 저렇게 나긋나긋할까?" "애한테 화내 본 적 없죠?" 주위 엄마들 사이에서 따뜻하고 온순한 사람이라는 평판 일색. 하지만 마음속에 강한 주관과 고집을 숨기고 있다. 겉과 속이 딴판인 유형.
- 한번 정한 일은 절대 양보하지 않는 강인한 의지의 소유자. 자신의 규칙을 굉장히 중요하게 생각한다. 그래서 융통성이 부족하고 고집스러운 면도 있다.
- 책임감이 강하다 보니 남에게 부탁을 자주 받아서 스트레스를 받기도 한다.

◆ 분노 스위치가 켜져 화가 났을 때 말버릇 ◆

스위치❶ 자신이 정한 규칙에서 벗어나면 짜증이 스멀스멀.

말버릇 그게 상식이지!

상식적으로 ○○가 맞잖아!

스위치❷ 자신의 페이스가 흐트러지면 못 견딘다.

말버릇 아홉 시에는 자러 가라고 했지! (엄마가 텔레비전 볼 시간이 없어지잖니.)

스위치❸ 하고 싶지 않은 일을 하라고 시키면 짜증이 왈칵 치민다.

말버릇 내가 한가해 보여? 나도 바쁜 사람이야.
자기가 직접 하지 왜 남을 시켜!

◆ 분노를 줄이는 비결 ◆

비결❶ 아이를 키우다 보면 뜻대로 풀리지 않는 일이 많다. 자신이 정한 규칙이 분노를 자극하는 기폭제로 작용할 때도 있다. 규칙을 조금 느슨하게 만들어 짜증을 줄이자.

비결❷ 하고 싶지 않은 일을 억지로 해야 하는 상황에서 극심한 스트레스를 받는다. 내가 즐길 수 있는 취미를 찾아내어 스트레스를 해소하자.

비결❸ 이상한 확신에 사로잡혀 혼자 속을 끓일 때가 많다. 왜 화가 나는지, 혹시 지레짐작으로 혼자서 꽁해 있는 건 아닌지 곰곰이 생각해 보자.

타입D 용의주도! 신중파 엄마

신중파 유형은 어떤 사람?

- 두뇌 회전이 빠른 책략가.
- 신중하고 용의주도하다.

신중파 유형은 이런 사람

- 머리 회전이 빠르고 눈치가 빠르다. 육아 정보나 잘못된 소문 등을 잘 거르고 받아들여 휘둘리는 일이 없다. 냉정하게 생각하고 판단할 줄 안다.
- 경계심이 강하고 용의주도해 다른 사람에게 좀처럼 마음을 열지 못한다. 엄마들과의 관계도 적정한 거리를 유지하며 담백해서 선을 넘지 않으려 애쓴다.
- 혼자 생각하고 멋대로 꼬리표를 달거나 낙인을 찍는 경향이 있다.

◆ 분노 스위치가 켜져 화가 났을 때 말버릇 ◆

스위치❶ 아이가 행여나 준비물을 빠뜨릴까 노심초사한다.

말버릇 준비물 잘 챙겼어? 준비물 또 빠뜨렸어?

확실하게 다 챙겼어?

스위치❷ 돌다리도 손이 아플 때까지 두드려 봐야 직성이 풀리는 신중파. 아이가 노는 모습이 위험해 보이면 가슴이 조마조마, 울컥 짜증이 치밀 때도.

말버릇 그러지 마! 거기는 위험하다니까!

그 친구는 너무 험하게 놀잖니?(그 집 엄마, 애들 단속이 영 엉망이더라.)

스위치❸ 다른 사람에게 아쉬운 소리를 하지 못하고 무슨 일이든 혼자 끌어안고 끙끙대느라 스트레스를 달고 산다.

말버릇 부탁하면 민폐겠지……. 그냥 내가 하고 말지.

◆ 분노를 줄이는 비결 ◆

비결❶ 아이의 행동이 신경 쓰이기 시작하면 간섭이나 명령을 하고 싶어 좀이 쑤신다. 참견을 줄이고 아이를 믿고 가만히 지켜보는 마음자세도 중요하다.

비결❷ 이 유형은 무슨 일이든 딱 떨어지는 결론을 내야 속이 시원하다. 결정 장애는 절대 악으로 간주. 다른 사람을 잘 믿지 못하고 제멋대로 꼬리표를 붙일 때도 있다. 사람에게는 다양한 면이 있음을 이해하자.

비결❸ 다른 사람에게 아쉬운 소리를 하거나 부탁을 하는 것이 서툰 신중파 엄마. 혼자 속 끓이지 말고 가족이나 아이 친구 엄마들에게 사소한 일은 부탁도 해 보자. 믿고 맡기는 열린 마음도 필요하다.

타입 E 시시비비를 가리고 싶어! 똑순이 엄마

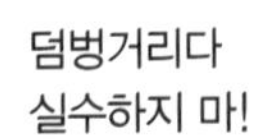

똑순이 유형은 어떤 사람?

- 향상심이 강한 완벽주의자.
- 매사를 이분법적 잣대로 판단한다.

똑순이 유형은 이런 사람

- 항상 논리적이며 합리적으로 판단할 수 있고, 어떤 상황에서도 하던 일은 끝까지 마쳐야 직성이 풀리는 완벽주의자.
- 향상심이 강하다. 노력을 게을리하는 사람이나 변명을 늘어놓으며 자신에게 너무 관대한 사람, 우유부단한 사람, 애매한 태도를 취하는 사람은 질색.
- 매사에 시시비비를 가리려 하고, 사람을 적군과 아군으로 나누어 판단하는 등 극단적인 결론을 내는 경우가 많다.

◆ 분노 스위치가 켜져 화가 났을 때 말버릇 ◆

스위치❶ 일의 흑백을 가리려는 이분법적 잣대를 자주 들이댄다. '모 아니면 도'라는 사고방식으로 기준에서 벗어나면 매몰차게 잘라낸다.

말버릇 학원 갈 거야, 말 거야? 핑계 대고 빠질 거면 확 때려치워!

스위치❷ 애매한 일, 우유부단한 사람, 우물쭈물하는 사람을 보면 짜증이 치민다.

말버릇 빨리! 언제까지 텔레비전만 보고 있을래?

거실에서 뒹굴뒹굴하지 말고 차라리 방에 가서 제대로 자!

스위치❸ 자신의 가치관과 맞지 않는 사람을 보면 짜증이 난다.

말버릇 사람이 저렇게 물러 터져서야, 어디 쓰나!

쟤는 장난이 너무 심하잖아. 같이 놀지 마.

◆ 분노를 줄이는 비결 ◆

비결❶ 항상 흑백을 가리려 하지 말고, 세상에는 회색으로 내버려 두어도 좋은 일이 많다고 마음을 편히 가진다. 아이의 성장 과정 등, 완벽하지 않은 일들도 조금씩 받아들여야 한다.

비결❷ 자신에게도 타인에게도 조금 관대해질 필요가 있다. 상대방의 말이나 실수에 집착하지 말고 대범하게 흘려 버리는 것도 지혜이다.

비결❸ 완벽을 추구하지 않아도 하늘이 무너지지 않는다. 주위 사람들과 원만하게 지낸다면 조금 부족해도 사는 데 지장이 없다. 완벽주의를 조금만 버려도 삶이 한결 수월해진다.

행동파 유형은 이런 사람

- 주관이 뚜렷하고 자신의 의견을 주위에 전달하는 능력이 탁월한 유형. 프레젠테이션을 시키면 따라올 자가 없을 정도로 뛰어난 무대 체질.
- 언변과 행동력을 두루 겸비해 통솔력을 발휘해야 하는 상황에서 스스로 앞장설 때가 많다.
- 전체 분위기보다 자기의 주장을 너무 내세우면 아무리 솔직한 태도라도 부정적인 모습으로 비칠 수 있다. 더 나아가 지배욕이 강한 사람으로 오해받을 우려가 있다.

◆ 분노 스위치가 켜져 화가 났을 때 말버릇 ◆

스위치❶ 나중 일을 깊이 생각하지 않고 생각나는 대로 말했다가 분쟁에 휘말리기도!

말버릇 사실대로 말했을 뿐이야. 내가 뭘 잘못했는데?

스위치❷ 자신의 주장이 받아들여지지 않으면 짜증이 난다.

말버릇 왜 내 말대로 안 해? 내 말대로 하라니까!

스위치❸ 발언이나 행동의 자유를 빼앗기면 극심한 스트레스에 시달린다.

말버릇 그건 좀 아니지 않아?

왜 나한테 하라고 안 해?

◆ 분노를 줄이는 비결 ◆

비결❶ 발언이나 행동 전에 자신의 말과 행동이 미칠 영향을 충분히 생각하는 연습을 하자. 주위의 반발이나 작은 분란을 피할 수 있고, 결과적으로 스트레스도 줄어든다.

비결❷ 사람의 가치관이나 취향은 각양각색이다. 무조건 내 생각을 강요하지 말자.

비결❸ 자신의 의견을 주장하는 것도 좋지만, 때로는 조용히 입을 다물 줄도 알아야 한다. 다른 사람에게 양보하거나 다른 사람을 대신 내세우면 일이 더 잘 풀릴 때도 있다. 분위기를 살피고 한 발 물러나 상황에 차분하게 대처하자.

칼럼 ❶ 진단을 활용하자

분노 유형의 진단 결과는 어떠셨나요?
이것은 현재 여러분이 어떤지 상태를 진단한 겁니다. 선천적으로 타고난 기질을 측정하는 평가가 아니라, 자라난 환경에 따라 형성된 상식이나 가치관처럼 후천적인 사고 유형을 진단하는 평가랍니다.
"결혼하기 전에는 규칙에 집착하지 않았는데, 부모가 되고 나서는 아이에게 꼬치꼬치 따지며 규칙을 지키라고 잔소리를 퍼붓게 되었어요!"
"제가 이렇게 규칙을 중요하게 생각하는 사람이었나요?"
아이를 기르며 비로소 자신의 기질이나 성향을 깨닫는 분들도 많습니다.
화가 나게 만드는 특별한 상황을 '분노 스위치'라고 부릅니다. 분노 스위치는 어릴 때 틀을 갖추지만, 어른이 되어서까지 같은 분노 스위치를 가지고 사는 사람은 거의 없습니다. 현재 입장이나 상황에 따라 변화합니다. 그러므로 자신의 성향과 기질을 스스로 깨닫고, 짜증이 폭발하는 상황을 가정하고 대비하는 연습이 필요합니다.
자신의 성향을 깨닫게 되면 옳다고 생각해서 내세우는 나의 주장도 '혹시 잘못된 부분이 있을지도?'라고 한 발 물러나 생각할 수 있게 된답니다.
그리고 자녀와 남편은 물론, 지인들 중 자주 충돌하는 사람의 유형까지 파악하고 나면, 그 사람 특유의 분노 스위치를 추측할 수 있게 되어 밟지 않아도 좋을 지뢰를 피해 현명하게 관계를 맺어 나갈 수 있습니다.

자신의 분노 유형을
파악하게 되면 화가 폭발하는
상황을 미리 알고
대비할 수 있게 됩니다.

Chapter 2

'화'라는 감정

◆ 화가 나는 원리를 알면 화를 똑똑하게 다스릴 수 있다!

차곡차곡 쌓이는 부정적인 감정

아침부터 짜증이 치밀어 올라 입술을 깨물고 주먹을 꽉 쥡니다. '아, 이러다 몸에서 사리 나오겠어!' 아이와 씨름하며 육아 전쟁을 치르는 엄마의 하루하루는 힘들고 괴롭습니다.

도대체 왜 화가 날까? 화는 어디서 생길까?

화라는 감정을 이해하고 나면 화를 다스리기가 한결 수월해집니다. 화는 전기주전자처럼 쉽게 끓어오른다고 생각하는 사람이 많습니다. 주전자에 찬물을 넣고 뚜껑을 닫고 몸을 돌리는 순간 소리를 내며 물이 끓어오르지요. 화도 마찬가지일까요? 아니요, 화는 전기주전자처럼 순식간에 끓어오르지는 않는답니다.

여러분 마음속에 잔 하나가 있다고 상상해 보세요. 잔 크기는 사람마다 제각기 다르답니다. 잔 크기가 넉넉한 사람이 있는가 하면, 아담한 잔을 가진 사람도 있습니다. 그 잔에 매일 '무언가'가 채워집니다. 바로 '부정적인 감정'! (부정적인 감정이 잔 속을 둥실둥실 떠다니는 모습을 상상해 보세요.)

이 부정적인 감정들이 차곡차곡 쌓여 잔 밖으로 흘러넘치면……. 바로 '화'가 된답니다.

화는 '2차 감정'이라고 부릅니다. 화의 이면에는 진짜 감정인 '1차 감정(걱정, 불안, 괴로움, 슬픔, 외로움)'이 숨어 있습니다.

혹시 생활에 쫓겨 마음속에 고여 있는 감정을 알아차리지 못하고 있지는 않은가요? 화라는 감정의 이면에 있는 진짜 감정을 깨달으면 화를 다스릴 수 있습니다.

자, 여기서 잠깐 질문!

"오늘 아침에 일어나서 지금까지 어떤 기분이 생겨나서 사라지지 않고 있나요?"

사건이나 상황이 아니라 '감정'에 집중해서 함께 생각해 볼까요.

- 아침에 잠에서 깨어 창문을 활짝 열었더니 기분 좋은 산들바람이 솔솔 불어왔다 → 상쾌하다
- 아이들끼리 쓸데없는 일로 티격태격 다퉜다 → 울화통이 터질 뻔했다
- 아침에 오늘의 운세를 확인했더니 '운수 대통한 날'이라는 결과가 나왔다 → 대박, 신난다!
- 아이들이 꾸물거리다 지각을 할 뻔했다 → 조바심이 났다
- 시간이 좀 생겨서 소파에 누워 뒹굴며 한가한 시간을 즐겼다 → 마음의 여유가 생겼다

사건이 아니라 밑줄을 그은 '감정' 부분에 집중해야 합니다.

이어서 사건과 감정을 글로 적는 훈련을 해 봅시다.

work 어떤 일이 생겼을 때의 내 기분에 집중한다

사건	예: 아침, 아이가 옷을 갈아입지 않고 꾸물거린다.
기분	(예: 짜증 ← 1차 감정은 초조함, 걱정)
사건	
기분	( )
사건	
기분	( )
사건	
기분	( )

열심히 작성하셨나요? 어떤 일이 생긴 순간의 '기분'에 집중하지 않아 자신의 감정을 파악하지 못하면, 마음속의 잔에 부정적인 감정이 빨리 채워집니다. 그리고 아슬아슬하게 채워지던 잔이 어느 순간 흘러넘치면 주체할 수 없는 화로 폭발! 인상을 찌푸리고 고래고래 소리를 지르는 흡사 마귀할멈처럼 무서운 엄마로 돌변하고 맙니다.

순간의 화를 참지 못해 아이에게 마구 퍼붓고는 나중에 후회한 적 없나요? 자, 앞으로는 조심 또 조심!

분노의 화살은 특히 가까운 가족을 향하는 경우가 많습니다. 버럭버럭 화를 내는 무서운 엄마가 되기 전에 지금 자신의 '감정'을 차분히 느끼고 확실하게 파악해야 합니다. 감정에는 아무 잘못이 없습니다. 부정적인 감정도 긍정적인 감정도 묻어 두거나 흘려 버리지 말고 충분히 느껴 봅시다.

'열 길 물속은 알아도 한 길 사람 속은 모른다'는 말은 먼저 자신에게 적용할 수 있습니다. 나의 감정을 알 수 없을 때는 어떻게 해야 할까요? 속에서 천불이 나는데 이유를 알 수 없어 가슴이 터질 것처럼 답답하다면? 자, 앞으로는 '감정 일기'로 내 기분을 차분히 표현하는 연습을 시작해 봅시다. 육아 전쟁에 시달리는 엄마들은 하루하루 살얼음 위를 걷는 기분으로 살기 때문에 특히 마음속의 잔이 차오르기 쉽습니다.

오늘부터 분노의 이면에 있는 나의 진짜 감정을 집중 조명해 보는 건 어떨까요?

work 기분을 표현하는 감정 일기

긍정적인 감정(기쁘다, 행복하다, 운이 좋다, 벅찬 감동……)

부정적인 감정(만사가 귀찮다, 우울하다, 슬프다……)

분노는 2차 감정.
분노의 이면에 있는 진짜 감정에 초점을 맞추어 보세요!

화가 만들어지는 단계

부글부글 끓어올라 사람을 미치게 만드는 이 짜증과 화는 어떻게 만들어지는 걸까요? 화가 나는 원리를 찬찬히 살펴봅시다.

화가 만들어지기까지는 몇 가지 단계를 거칩니다.

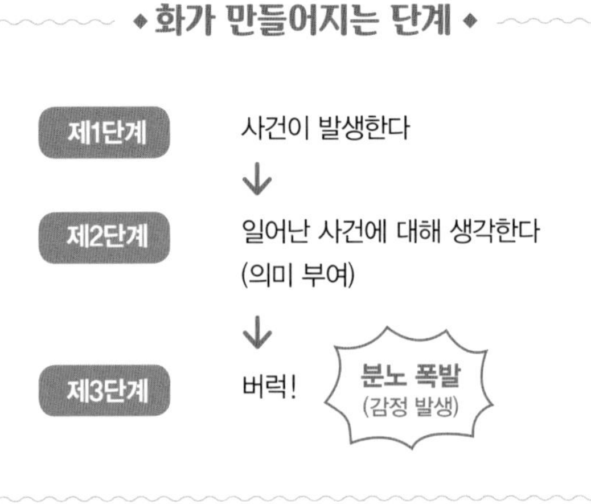

같은 일을 두고도 길길이 날뛰며 화를 내는 사람이 있는가 하면, 아무 일도 없었다는 듯 태연한 사람이 있습니다. 도대체 어디서 이런 차이가 생길까요? 다음 표를 눈여겨봐 주세요.

◆ 어떤 일을 받아들이는 방식 ◆

	내 생각	이렇게 생각하지는 않으셨나요?
제 1 단계 사건이 발생한다	유치원에서 돌아올 시간인데 소식이 없다. 걱정이 되어 가 보니 아이는 어디 놀러 갔는지 모습이 보이지 않는다.	
제 2 단계 사고방식 (의미 부여)	왜 내 말을 안 듣는 거지? 나를 괴롭히려고 일부러 그러는 건가?	친구랑 신나게 놀고 있다. 별일 없다니 다행이다. 조금 더 놀게 두자.
제 3 단계 감정 발생	버럭! 분노 폭발!	화내지 않는다.

사람마다 같은 일을 두고도 화가 나기도 하고 나지 않기도 합니다. 상황을 대하는 사고방식이 다르기 때문입니다.

화가 날 때와 나지 않을 때는 머릿속의 생각이 다른 사이클을 따릅니다.

◆ 화가 난다? 나지 않는다? 사이클 ◆

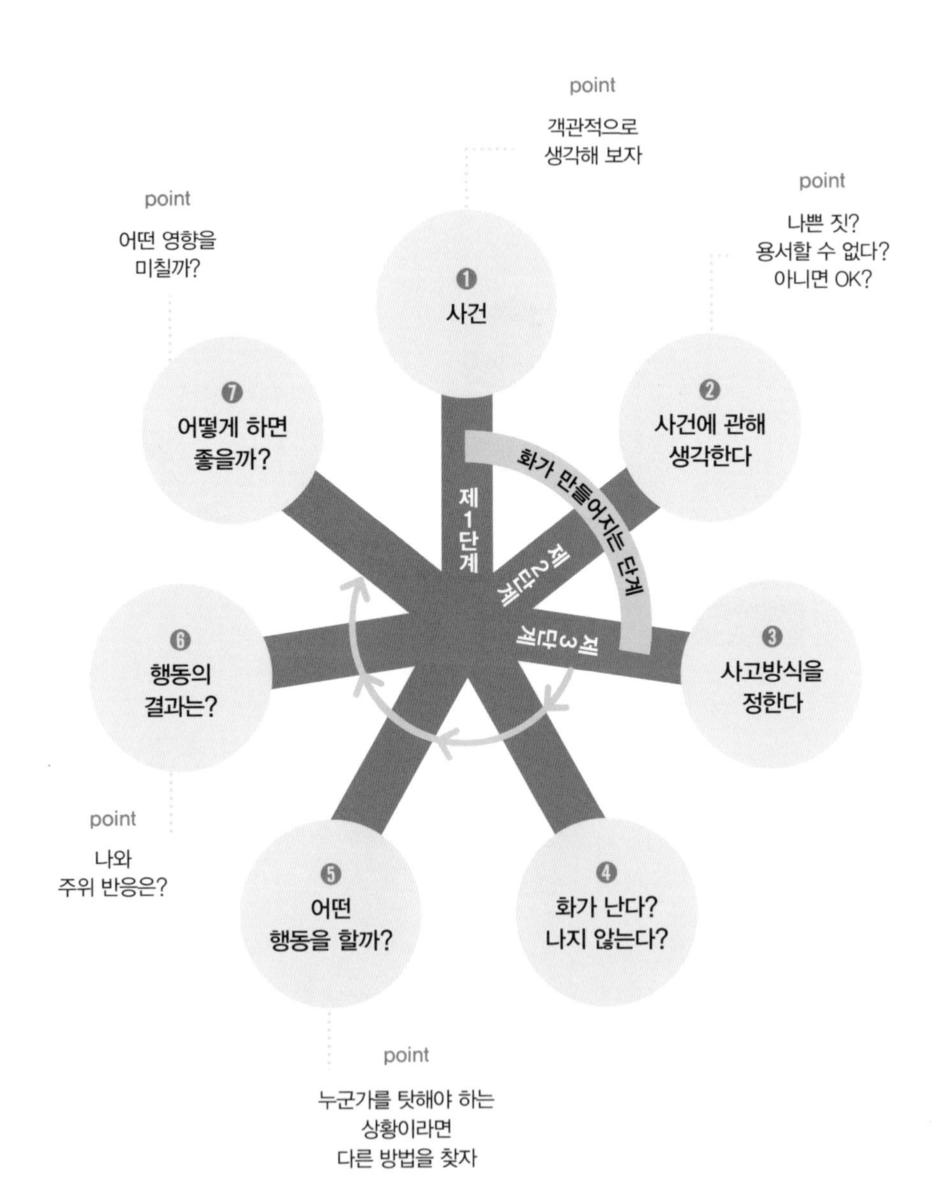

다음의 표에 대입해 장난감 정리를 시키는 엄마의 모습을 두 가지로 나눠 살펴봅시다.

❶	아이가 가지고 논 장난감을 치우지 않는다.	
❷	엄마가 치우라고 하면 치워야 한다. 가지고 논 장난감은 반드시 제자리에 두어야 한다.	
	A 유형	**B 유형**
❸	치우지 않는 건 이상하다. = 나쁘다.	나름대로 이유가 있겠지. (= 더 놀고 싶다. 어디다 치워야 할지 모르겠다.)
❹	짜증이 울컥! (분노)	화가 나지 않는다.
❺	"엄마가 치우라고 했지!" "몇 번 말해야 들을 거야!" 이어지는 잔소리 대잔치.	"10분만 더 놀고(시곗바늘이 5시 30분을 가리키면) 이 상자에 넣어서 치우자"라고 말한다.
❻	질질 짜면서 아이는 마지못해 장난감을 정리한다.	10분 후, 아이가 상자 안에 장난감을 정리하기 시작한다.
❼	큰 소리를 내야 말을 듣는다. → 앞으로도 계속 소리를 지르자! 호통이 습관화됨.	소리를 지르지 않고도 정리할 수 있는 방법이 있다.

사고방식에 따라 화를 낼지 말지가 결정된다!
= 사고방식을 바꾸면 화를 다스릴 수 있어요.

화를 내는 건 나쁜 게 아니다

화를 내고 싶지 않으시다고요? 화를 내는 모습은 보기 싫고, 그러니 화를 내면 안 된다고 생각하는 사람이 많습니다. 하지만 화를 내는 것이 꼭 나쁜 것은 아닙니다.

"자꾸 성질 부릴래? 어디서 못된 버릇만 배워 가지고!"

"사람들 앞에서 화내는 거 아니야!"

우리는 화를 내지 말라는 말을 귀에 못이 박히도록 듣고 자랍니다.

결국 '화=나쁜 짓'이라는 공식이 머릿속에 각인됩니다.

확실히 '화'는 좀 다루기 까다로운 감정입니다. 자신을 제어하지 못하고 미친 듯 화내는 사람을 보고 있으면 보는 사람도 가슴이 답답해지며 스멀스멀 짜증이 화로 바뀝니다.(이런 현상을 '감정 전이'라고 부릅니다.)

자, 여기서 잠깐 질문! 다음 질문에 '네' 또는 '아니요'로 대답해 주세요.

---

1. 하루에도 몇 번씩 화를 낸다
2. 사소한 일로 짜증이 나며 버럭 화를 낼 때가 많다
3. 화를 너무 많이 냈다고 자주 반성한다
4. 차마 잊어버리기 힘들 정도로 오래도록 기억에 남는 화가 있다
5. 짜증이 나면 욕설과 함께 손발이 동시에 나갈 때도 있다
6. 화내고 난 후 죄책감에 시달린다

질문은 여기까지입니다. 어떠셨나요?

전부 '네'라고 대답했다고 걱정할 필요는 없습니다. '엄마 자격 없는 못난 사람'이라고 자신을 탓할 필요도 없습니다.

화는 기쁨이나 슬픔처럼 자연스러운 감정이랍니다. 화내도 괜찮아요.

다만 몇 가지 주의사항은 지키며, 화를 살살 달래 가며, 도를 넘지 않도록 조심해야 합니다.

"○○네 엄마는 맨날 뿔난 사람 같더라……."
평소에 이런 말을 자주 들으시나요?
"그렇게 화가 날 일이야?"
왜 화를 내는지 모르겠다며 고개를 갸웃거리는 사람을 보고 화가 치밀었다고요?
"두고 봐! 내가 물 떠 놓고 빈다. 어디 얼마나 잘 사는지 보자!"
도무지 화가 가라앉지 않아 한참을 씩씩거렸던 기억이 있나요?
"저이는 화나면 그렇게 막말을 하더라."
"화나면 딴사람이 되더라, 무서워."
사람들이 이렇게 뒤에서 소곤댄다고요?

'딱 내 이야기!'라고 속으로 뜨끔하셨나요? 그래도 걱정할 필요 없습니다. 오늘부터 고치면 그만이니까요~♪

화라는 감정은 중요합니다. 화는 자신을 보호하기 위해 생기는 감정이기 때문입니다. 화를 자꾸 누르다 보면 언젠가 무시무시한 형태로 폭발할 수도 있습니다.

그런데 화라는 감정 중에서도 빈도가 잦고, 강도가 세고, 지속적이며, 공격성이 큰 분노는 문제가 될 수 있습니다. 물론 화 다스리는 법을 참고하면 얼마든지 개선할 수 있답니다.

화가 싫다고 무조건 내치지 말고 현명하게 다루어 봅시다~♪

짜증이 나며 화가 치밀어 오르기 시작할 때 마음을 가라앉히는 방법을 몇 가지 소개합니다.

잼잼 체조

주먹을 쥐었다 폈다 하며 잼잼을 반복해 봅시다.
몇 번 반복하면 신기하게 짜증이 가라앉는답니다.

work 마음을 차분하게 가라앉히는 기술

1 항상 짜증이 나 있는 상태라 화내는 빈도가 잦다면……

기분 전환을 추천!
어떤 일을 하면 기분이 좋아질까?

나를 위한 기분 전환 메뉴

- 요가하기
-
-
-

요가

2 마음속 묵은 화가 좀처럼 없어지지 않는다면……

오감을 활용하는 일 추천!

- ☐ 맛있는 음식을 천천히 음미하며 먹는다
- ☐ 마사지를 받거나 지압을 한다
- ☐ 오른손잡이라면 왼손을, 왼손잡이라면 오른손을 써 본다
- ☐ 좋아하는 향을 맡는다
- ☐ 음악에 몸을 내맡긴다

3 화가 날 때마다 헐크로 돌변할 정도라면……

어떤 상황에서 화가 나는지 분노 측정기로 내 마음의 온도를 재어 봅시다

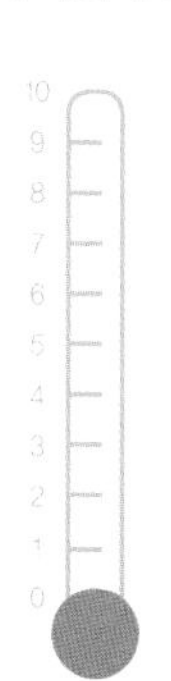

10 …… 인생 최대 분노!

7~9 ‥ 뚜껑이 열리기 직전
아슬아슬 폭발 직전 상태

4~6 ‥ 열받는다, 화가 난다

1~3 ‥ 짜증이 솟는다

0 …… 평온

화내는 아이의 진짜 마음 들여다보기

아이가 칭얼대며 보채다가 걷잡을 수 없을 정도로 짜증을 폭발시킬 때가 있지 않나요? 그럴 때는 아무리 어르고 달래도 소용이 없어 엄마는 두 손 두 발 다 들고 항복! 결국 엄마도 화가 납니다.

아이가 이유 없이 짜증을 부릴 때 시험해 보면 딱 좋은 방법이 있답니다. 아이의 행동 이면에 있는 아이의 감정을 찾아내는 탐정이 되는 겁니다.

외로워? 슬퍼? 뭔가 마음에 안 들어? 불안해?

아이는 어떤 기분일까요?

마음에 한 발짝 다가가면 아이는 화를 내기 힘들어집니다. 엄마가 내 마음을 알아준다는 안도감과 만족감으로 마음속의 잔이 긍정적인 감정으로 꽉 차기 때문입니다. 아이 마음속의 잔을 긍정적인 감정으로 채워 주는 엄마의 역할은 매우 중요합니다.

앞으로는 짜증을 부리는 아이를 억지로 달래거나 혼내기 전에 아이의 마음속을 들여다보고 찬찬히 살펴봐 주세요. 엄마가 자기를 알아주기 바라며 심통을 부리던 아이는, 자기 마음을 알아주는 엄마를 더욱 사랑하게 된답니다! 서로의 마음에 다가가면 엄마도 아이도 행복합니다~♪

오늘부터 맹훈련 돌입! 내 아이의 표정으로 기분을 헤아리는 훈련을 시작해 봅시다.

표정으로 알 수 있는 아이의 마음속 들여다보기!

아이가 어떤 마음일 거 같은지 네모 칸에 한번 써 보세요.

〈즐거움 · 낙담 · 억울함 · 부끄러움 · 난감함 · 초조함 · 기쁨〉

짜증내고 있는 아이의 마음에 다가가는 연습을 해 봅시다.

work 글을 읽고 아이의 마음을 알아맞혀 볼까요?

1 다섯 살 여자아이. 한창 실력을 뽐내며 열심히 그림을 그리고 있는데 세 살짜리 남동생이 훼방을 놓아 그림이 엉망이 되어 버렸답니다. 분을 이기지 못하고 "미워!"라고 소리를 지르더니 급기야 울음보가 터지고 말았습니다. 온몸을 버둥대며 화내고 있는 아이의 마음속에는 어떤 감정이 숨어 있을까요?

2 일곱 살 남자아이. 여동생은 아직 엄마 손이 한창 필요한 아기라 엄마의 온 신경은 동생을 향하고 있습니다. 어느 날 동생에게 관심을 빼앗겨 심통이 나자 울며불며 소리를 지릅니다. 이처럼 울고 떼를 쓰는 아이의 마음속에는 어떤 감정이 숨어 있을까요?

육아 에피소드 ①

바쁠 때면 나도 모르게 무의식적으로 '저리 가'라는 기운을 온몸으로 내뿜는 모양입니다.

"엄마, 우리 엄마 안 같아요. 내 기분이 어떤지 관심도 없어요."

당시 다섯 살이던 아들의 급소를 찌르는 한 마디.

가슴이 철렁했습니다. 말은 하지 않았지만 내 한 몸 건사하기도 귀찮으니 제발 가까이 오지 말라고 나 좀 건드리지 말라고 속으로 꾹꾹 눌러 참고 있는 상태였거든요.

"시끄러워, 쬐끄만 게 뭘 안다고! 입 다물고 저리 가서 놀아!"

평소처럼 화를 내는 대신 마음을 가라앉히고 차분하게 말문을 열었습니다.

"엄마가 지금 마음이 조금 '아야'해, 어떻게 하면 좋을까……."

솔직하게 나의 기분을 말하자 다섯 살짜리가 진지하게 제 이야기에 귀를 기울여 주었습니다.

"엄마 마음이 '아야'해요? 제가 '호'해 드릴게요. 엄마한테는 제가 있잖아요!"

아들은 어디서 배웠는지 제 머리까지 쓰다듬어 주었습니다. 기특하고 한편으로는 안쓰러웠습니다.

누군가 내 마음을 알아준다는 기쁨은 어른이나 아이나 마찬가지인 모양입니다.

누군가 내 마음을 알아주는 건 인생의 엄청난 마법.

칼럼 2 분노 조절과 육아

'분노 조절(Anger Management)'은 1970년대 미국에서 탄생한 것으로, '화를 현명하게 다스리는 방법'을 가르치는 일종의 심리 훈련입니다.
세계 각국에서 이미 교육과 복지, 기업, 정계, 재계, 스포츠, 사법 등 다양한 분야에서 활용하고 있답니다.
분노 조절은 화를 완전히 없애는 기술이 아닙니다. 화는 잘 없어지지도 않고 없애기 어려운 중요한 감정 중 하나입니다. 화는 때로 인간관계를 완전히 망칠 정도로 거센 위력을 지닌 것이어서 세심한 주의를 기울여야 합니다. 화는 연쇄반응을 일으킵니다.
'종로에서 뺨 맞고 한강 가서 눈 흘긴다'는 말처럼, 부모에게서 자녀, 첫째에게서 둘째로, 또 동네북 신세가 된 막내는 밖에 나가서 만만한 친구에게 화를 풉니다.
분노 조절은 나이와 성별, 학력, 직업을 가리지 않고 누구나 손쉽게 반복 훈련이 가능해 마음만 먹으면 지금 당장이라도 시작할 수 있습니다.
실제로 한창 육아 중인 어머니들에게 분노 조절 방법을 몇 가지 귀띔해 주었더니 열광적인 반응이 돌아왔습니다.
"신기하게 마음이 편해졌어요!"
"마음이 홀가분해졌어요. 언제 끝날지 모르는 독박 육아에 한숨만 나왔는데 이제 희망이 보이네요."
"오늘부터 당장 실천하겠습니다!"
"제가 그동안 얼마나 충동적으로 화를 냈는지 깨달았어요. 반성하고 오늘부터 실천해 보려고 합니다!"

많은 어머니가 공감과 함께 긍정적인 반응을 보여 주셨습니다.

조금씩 차근차근 연습하면 현명하게 화를 다스리는 방법을 터득할 수 있게 됩니다! 부글부글 끓어오르는 내 속의 짜증과 화만 잘 다스려도 육아에 더욱 집중하고 내 아이에게 온전한 사랑을 줄 수 있게 된답니다. 자, 지금 당장 연습해 볼까요~♪

Chapter 3

화를 다스리는 여덟 가지 마법 (Anger Magic)

◆ 내 안의 화를 어떻게든 잠재우고 싶다!
금방이라도 펑 하고 터질 듯한 화를 가라앉히고 싶을 때
활용하면 딱 좋은 여덟 가지 마법 같은 기술!

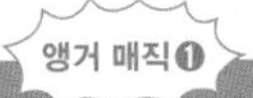

숫자 거꾸로 세기

엄마가 되면 자기도 모르는 새 주위 상황을 매의 눈으로 파악하는 초능력이 생깁니다. 아이가 무슨 일인가를 저지르려는 순간 빛의 속도로 손이 나간다거나, 반사적으로 잔소리 폭격을 퍼붓고는 아이를 너무 다그쳤다고 반성하거나 후회한 적은 없으신가요?

사실 화가 났을 때 절대로 해서는 안 되는 일이 있습니다. 바로 '반사'!

평소에 반사적으로 잔소리를 퍼붓거나 꿀밤을 때리려고 손이 먼저 나가는 엄마라도 걱정하거나 자책할 필요는 없습니다. 오늘부터 고치면 되니까요.

감정의 절정은 6초가량 이어진다고 합니다.(이런저런 학설이 있습니다만!) 감정이 최고로 고조되었을 땐 무슨 일이든 이성적이고 합리적으로 처리하기 어렵습니다.

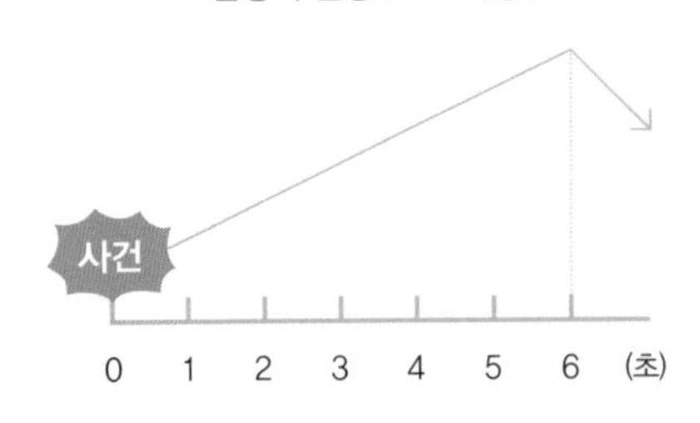

자, 이제 반사적인 행동이 나가지 않도록 화를 다스리는 마법의 주문을 외워 봅시다! 화가 나려고 하면 머릿속으로 천천히 숫자를 셉니다. 간단하지만 엄청나게 효과적인 방법이랍니다. 1, 2, 3, 4, 5……라고 6초간 세거나, 100, 97, 94, 91……처럼 100에서 3씩 빼며 거꾸로 숫자를 세어 봅시다.

6초 동안 숫자를 셀 때의 포인트

- 화가 머리끝까지 치민 상태에서 씩씩거리며 숫자를 세어 봤자 절정에 치달은 감정은 쉽게 가라앉지 않습니다. 먼저 짜증을 머릿속에서 몰아내야 합니다.
- 아이에게 한바탕 퍼붓고 아이가 말대꾸를 해서 서로의 감정이 격해졌을 때는 1, 2, 5, 6, 8……처럼 숫자를 건너뛰며 소리 내어 세 보세요. 흥분을 가라앉힐 수 있습니다.

아이와 함께 천천히 1부터 6까지 수를 세는 방법도 좋습니다~♪

꼭 기억해 두세요! 화가 나서 폭발하기 직전이라도 반사적인 행동은 금물! 오늘부터 당장 숫자 세는 연습에 도전해 봅시다!

화가 났을 때 반사는 금물.
6초 동안 수를 세고 감정이 가라앉기를 기다리세요.

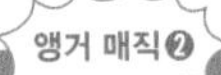

주문 외우기

피가 거꾸로 치솟을 정도로 감당하기 힘든 화가 치밀어 오를 때 반사를 막는 두 번째 마법!

진입 장벽이 비교적 낮고 무의식적으로 일상에 적용할 수 있는 효과적인 방법. 바로 분노를 잠재우는 주문을 외웁니다!

방법은 간단합니다. 자신의 감정을 가라앉히는 '특정 문구'를 미리 준비해 둡니다. 짜증이 슬슬 치밀어 오르려고 할 때 마음속으로 재빨리 중얼거립니다. 자신을 타이른다는 느낌으로 주문을 외우듯 암송하면 기분이 가라앉으며 상황을 객관적으로 바라볼 수 있게 됩니다.

'수리수리 마수리'를 외치든 '아브라카타브라'를 외치든, 아무 문구라도 내 기분이 달라지거나 화라는 감정에서 벗어나 긴장을 이완할 수 있다면 뭐든 상관없습니다!

쉽게 말해 화를 감지하는 순간 입에서 쓸데없는 말이 튀어나가기 전에 '주문을 외워 대처하는' 마법의 한 마디인 셈입니다.

화가 나려는 조짐이 보이는 순간 바로 주문을 외우며 꾸준히 실천하는 끈기가 가장 중요합니다! 그래야 완벽한 습관으로 자리 잡을 수 있답니다!

- '괜찮아, 괜찮아.'
- '별일 아니야.'
- '애들은 원래 천 번은 말해야 기억한다잖아.'
- '소리 지르지 않는다. 소리 지르지 않는다. 심호흡, 심호흡.'

어떤 주문이라도 외우고 있는 동안에는
반사적인 말과 행동을 하지 않게 됩니다.

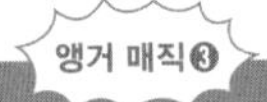

심호흡하기

순간적으로 자제력을 잃고 아이 앞에서 폭주할 정도로 화가 났던 적은 없으신가요? 활화산처럼 터지기 일보 직전, 분노를 가라앉히는 마법 같은 분노 조절 방법이 있습니다. 바로 '심호흡'!

우리가 화라는 감정을 느낄 때 우리 몸도 변한다는 사실 알고 있었나요? 손끝이 부들거릴 정도로 온몸에 힘이 들어가고 심장은 북소리를 내고 혈압이 상승하고 호흡도 가빠집니다.

우리 몸의 변화를 깨달았다면 호흡을 의식적으로 가다듬어 봅시다. 심호흡만으로도 몸과 마음의 긴장이 거짓말처럼 이완됩니다.

심호흡하는 법

❶ 4초간 코로 크게 숨을 들이마시며 일단 호흡을 멈춘다.

❷ 6초에 걸쳐 입으로 천천히 숨을 내뱉는다.

❸ 이 과정을 두세 차례 반복한다.

호흡을 가다듬어 어느 정도 화가 진정되면 아이들에게 감정을 쏟아내지 않게 됩니다.

심호흡은 '숨 끊기'가 비결입니다. '십 년 묵은 체증처럼 가슴을 짓누르던 울분이 호흡과 함께 스르르 빠져나간다'는 이미지를 머릿속으로 그리며 숨을 끊어 가며 천천히 들이쉬고 내쉬어 봅니다.

안간힘을 쓰며 화를 참느라 뻣뻣하게 굳어 있던 온몸의 긴장이 풀리며 커다랗게 응어리진 화가 서서히 작아지며 줄어드는 것을 알 수 있습니다. 눈을 뜨거나 감거나 본인이 편한 상태로 호흡에 집중합니다.

심호흡은 언제 어디서나 또 누구나 쉽게 할 수 있습니다! 잠깐 호흡을 가다듬기만 해도 내 소중한 아이에게 날것 그대로의 분노를 내던지는 불상사를 방지하고, 지혜롭고 적절한 훈육을 할 수 있게 됩니다.

아이에게 화가 날 때 네 번째 앵거 매직인 '자리 피하기'와 함께 활용하는 방법을 추천합니다. 옆방이나 베란다, 화장실 등 아이와 조금 떨어진 공간에서 천천히 깊게 숨을 들이마시고 내쉬며 호흡에 집중해 봅시다.

화로 숨이 거칠어지면 심호흡!
짜증과 분노처럼 부정적인 감정을 숨과 함께 내뱉어 보세요.

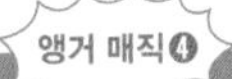

자리 피하기

당장 매를 들고 싶어질 정도로 아이에게 심하게 화가 났을 때는 어떻게 해야 할까요?

"삐뽀삐뽀!" 사이렌을 울릴 정도의 응급 상황에는 잠시 그 자리에서 벗어나는 것이 최선입니다.

아이에게 화를 쏟아 내기 직전의 아슬아슬한 상태라면 숨을 고르고 '잠깐만!'을 외쳐 봅니다. 그리고 잠시 그 자리를 떠나 머리를 식힙니다.

누군가 화를 부채질해 폭발 직전에 이른 상태라면 꼭 필요한 안전장치입니다. 마음 제동 장치가 작동하면서 폭주 욕구를 막습니다. 아이에게서 떨어져 옆방이나 화장실에 들어가거나 베란다에서 혼자만의 시간을 가집니다.

아이와 잠깐 떨어지기만 해도 필요 이상의 화를 퍼붓는 사태를 어느 정도 방지할 수 있습니다. 또 혼자만의 시간을 가지며 자신을 돌아볼 수 있게 됩니다.

엄마가 그토록 화가 난 상태에서 눈앞에서 사라지면 아이는 불안해서 울고불고 떼를 쓰지는 않을까요? 엄마가 자신을 버리고 집을 나갔을까 봐 서럽게 울며 바닥에 나뒹굴지는 않을까요?

걱정할 필요 없습니다. '자리 피하기'는 아이를 위한 안전장치입니다. 불안하게 하거나 혼을 내려는 게 아닙니다. 그러니 자리를 떠나기 전 아이에게 한마디만 해 주면 충분합니다.

"엄마 잠깐 화장실 갔다 올게."

아, 주의사항이 한 가지 더 있습니다. 물건을 집어던지거나 고함을 지르거나 화를 표출하는 행동도 삼가야 합니다. 그럴수록 화가 눈덩이처럼 불어나고 지속 시간도 길어집니다. 아이와 잠깐 떨어져 있는 그 시간에 최대한 긴장을 풀어야 합니다. 예를 들면 좋아하는 향기를 맡거나, 음악을 듣거나, 허브티를 마시거나, 스트레칭을 하며 가볍게 몸을 풀어 줍니다. 자신이 평소에 좋아하는 일을 하는 것이 바람직합니다.

참고로 이 방법은 부부싸움에도 특효약! 험악한 말이 오가며 분위기가 살벌해졌을 때 잠시 그 자리를 벗어나면 끝도 없이 치달았던 분노가 서서히 가라앉습니다. 잠시 휴식시간을 가지고 나면 지나치게 감정적이 아닌, 건설적인 대화에 집중할 수 있습니다. 아, 물론 부부싸움을 하다 자리를 떠날 때도 배우자에게 한 마디 건네는 센스가 꼭 필요합니다. 아무 말 없이 사라져 버리면 '불리하니까 달아났다!'라는 인상을 주어 상대방의 분노를 자극할 뿐이니까요.

'자리 피하기' 주의사항

- 아이에게 아무 말 없이 그 자리를 벗어나는 건 금물!
- 혼자만의 시간을 가지는 도중에 소리를 지르거나 물건을 내던지며 화를 표출하는 행동도 금물!

'자리 피하기'와 '반사'는 다릅니다.

마트에서 과자나 장난감을 사 달라고 떼를 쓰는 아이나, 놀이터에서 더 놀고 싶다고 뻗대며 온몸으로 집에 가기를 거부하는 아이에게 "말 안 들으면 두고 갈 거야!"라며 엄포를 놓았던 적은 없으신가요? 그리고 진짜 아이를 그 자리에 두고 혼자 가 버린 적은 없으신가요?

이런 행동은 '자리 피하기'가 아니라 절대 해서는 안 되는 '반사'에 속합니다. 잠시 멈추는 시간을 가지는 건 자신의 감정을 냉정하게 마주하기 위해서입니다. 화를 다스리기 위함입니다.

반면 '반사'는 목적이 다릅니다. 아이에게 벌을 주려고 의도적으로 아이와 잠시 떨어지는 것입니다.

'반사'가 동기로 작용해 혼자 두고 떠나면 아이는 공포와 불안으로 경기를 일으키거나, 엄마를 찾다가 다치거나 사고를 당할 가능성도 있습니다.

그러므로 '자리 피하기'를 실행할 때는 아이와 떨어져도 안전한 장소라는 조건이 반드시 충족되는 곳에서만, 그리고 잊지 말고 아이에게 한 마디 남기는 것이 중요합니다.

'자리 피하기'에도 지켜야 할 규칙이 있어요!

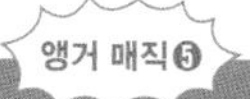

분노지수 측정하기

"우리 엄마는 맨날 화만 내!"

"엄마가 화를 그만 내면 좋겠어."

혹시 아이들에게 이 비슷한 말을 들은 적은 없으신가요? 화를 다스리지 못하면 '화내거나' 또는 '화내지 않거나' 둘 중 한 가지밖에 선택할 수 없게 됩니다.

그러니 오늘부터 당장 화를 다스리는 마법의 주문을 외워 봅시다!

슬금슬금 짜증이 나기 시작하면 오늘의 '분노지수'부터 측정합니다. 알기 쉽게 10단계로 나누어 화가 난 정도를 가늠합니다. 쉽게 말해 분노 정도를 측정하는 '감정 온도계'라고 할까요?

지진에 진도가 있고 태풍에도 강도가 있듯 분노에도 단계와 폭이 있습니다.

매일 일기예보를 보고 날씨를 확인하듯 오늘의 분노 정도를 수치화하면 생각보다 사람 감정의 폭이 넓다는 사실을 알 수 있습니다.

지금은 어느 정도로 화가 났을까? 분노지수 8, 아니면 5, 3? 당장 대피경보를 발령해야 하는 수치인 10?

여기서 잠깐! 분노지수 10은 인생 최대로 화난 상태를 가리킵니다. 상대방을 죽이고 싶을 정도로 격렬한 감정입니다. 살의를 품을 정도의 분노는 경험하지 않으면 좋겠지요!

분노지수 5 정도의 일을 분노지수 10으로 끌어올려 화를 폭발시키거나, 분노지수 3인 일에 8의 수준으로 화를 내면 어떻게 될까요? 감정 과잉의 위험한 사람이라고 주위 사람들에게 반감을 살 수 있습니다. 너무 과하거나 부적절한 방법으로 화를 내면 나중에 후회와 죄책감만 남습니다.

"엄마가 몇 번을 말했어!"

"엄마 말은 계속 한 귀로 듣고 한 귀로 흘릴 거야?"

같은 일로 잔소리를 할 경우 특히 조심해야 합니다. 비슷한 상황이 반복되며 짜증이 치솟으면 화가 눈덩이처럼 커지기 때문입니다.

예방 비결은 간단합니다. 지금 일어난 '바로 그 일'에만 초점을 맞추어 분노 지수를 측정합니다. 시시콜콜한 예전 일까지 이때다 싶어 모조리 끄집어내 잔소리 융단폭격을 퍼붓지 않도록 주의합시다.

분노지수 온도계

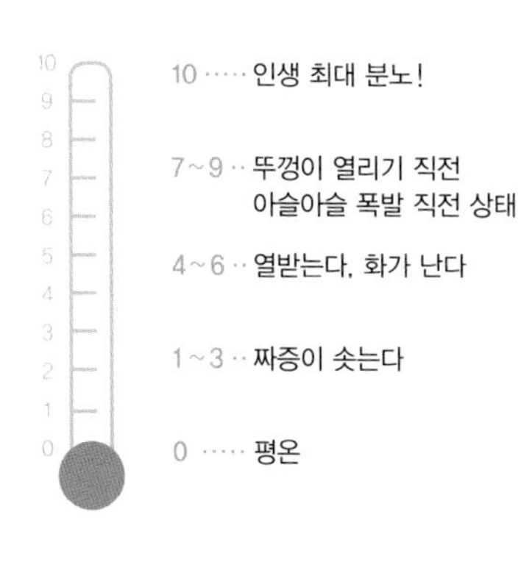

숫자로 점수를 매겨서 화라는 감정과 의식적인 거리를 두면 현재 상황을 객관적으로 보게 되고 또 어느 정도 화가 났는지 알 수 있습니다. 분노지수(온도)를 측정해 4 수준이니 호통까지 칠 필요는 없겠다거나, 2 정도이니 굳이 화를 낼 일이 아니라고 마음을 다독이며 감정을 추스를 수 있게 됩니다.

오늘부터는 짜증이 화로 바뀌려고 할 때마다 마음속 온도계를 꺼내어 분노지수를 측정해 봅시다.

분노지수가 높을 때 어떻게 하면 낮출 수 있는지, 마음을 차분하게 가라앉히는 구체적인 방법을 알아 두면 좋습니다.

바빠 죽겠는데 아이가 꾸물거려 눈에 거슬린다 : 분노지수 6
→ 경치 좋은 곳으로 산책하러 간다 : 분노지수 3
→ 저녁 먹고 따뜻한 욕조에 몸을 담그고 휴식 : 분노지수 1
→ 아끼는 아로마 에센스를 꺼내어 향기를 맡고 잠자리에 든다 : 분노지수 0

마음을 다독일 수 있는 일을 해서 감정적으로 충족되면 화도 가라앉습니다. 분노지수가 높은 상태로 내버려두지 않고 마음을 보살피는 게 관건입니다.

했던 잔소리를 또 하게 만들어 짜증이 올라오면
분노지수 온도계부터 꺼내 드세요.

'분노 일기' 기록하기

화를 다스리려면 지금 자신의 상태가 어떤지 이해하는 게 첫걸음입니다. 적어도 2주 동안은 욱하고 짜증이 치밀 때마다 최선을 다해 마음을 다스리며 '분노 일기'를 작성해 봅시다.

마음을 추스르고 나면 자신이 했던 말과 행동을 되짚어 보게 되면서 분노 성향이 어느 정도 가닥이 잡힙니다. 분노 일기를 기록하면서 동시에 분노지수를 측정하는 방법을 활용해 분노 정도를 가늠해 봅니다. 분노 일기를 작성하는 습관이 몸에 배면 화가 났을 때 자신의 모습을 객관적으로 바라볼 수 있게 되고, 주체할 수 없을 정도로 화가 나는 빈도도 줄어듭니다.

분노 일기 분석 방법

- 내가 화가 나는 상황과 대상 등 전체적인 경향을 분석.
- 자신의 분노 표현 성향을 분석.
- 분노지수를 측정해 어느 정도 화가 났는지 수치로 표시, 자신의 태도와 표현 등이 그것과 잘 부합했는지 검증한다.

분노 일기

• 언제

• 무슨 일이 있었나?

• 나는 어떻게 반응했나?

• 분노지수 측정(63페이지 참조) 방법을 참고해 분노 정도를 가늠한다.

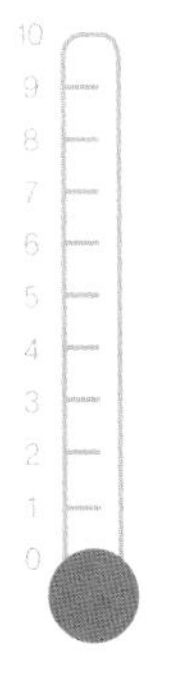

10 ····· 인생 최대 분노!

7~9 ·· 뚜껑이 열리기 직전
아슬아슬 폭발 직전 상태

4~6 ·· 열받는다, 화가 난다

1~3 ·· 짜증이 솟는다

0 ····· 평온

뜸들이지 말고 그 자리에서 바로!
각색하지 말고 사실에 충실하게!

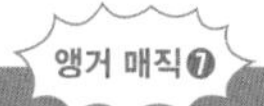

분노 패턴 바꾸기

"그만하라고 했지!"

"몇 번을 말해야 들을래! 엄마 숨넘어가는 꼴 보고 싶어?"

"내가 너 때문에 못살아!"

'뭐야, 우리 집에 도청기라도 달았나!' 하는 생각에 뜨끔하셨다고요?

아이가 생각대로 움직여 주지 않으면 잔소리를 퍼부어야 직성이 풀린다고요?

"이제 엄마는 몰라! 네가 알아서 해!" "됐으니까 그만 집어치워!"

잔소리의 강도를 높여도 아이의 반응이 신통찮으면 엄마도 사람인지라 마음이 언짢아져 모진 소리를 하게 되고 또 후회하게 됩니다.

"어차피 안 할 거잖아." "이럴 거면 그냥 하지 마!"

마음과는 정반대의 말로 쏘아붙이기도 하지요.

누구나 자기만의 '분노 유형'을 가지고 있습니다. 화가 머리 꼭대기까지 치밀어 자제력을 잃은 상태에서는 앞뒤 가리지 않고 화를 표출하는 게 보통입니다. 나쁘다는 걸 알면서도 계속 같은 방식으로 화를 내면 악순환에 빠집니다.

화를 낼 때도 엄마가 왜 화가 났는지 아이에게 올바르게 전하고 따끔하게 훈육해야 합니다. 우선 자신의 분노 유형을 객관적으로 바라보고, 고칠 수 있는 부분은 최대한 바로잡아야 합니다. 한 가지 방식으로 굳어지지 않도록 화내는 습관을 고칩시다. 한꺼번에 해결하려고 욕심 부리지 말고 한 번에 한 가지씩 다른 방법을 실천해 봅시다.

분노 유형 바로잡기

1 기본은 '분노 일기' 쓰기.(65페이지) 분노 일기장을 만들어 열심히 기록해 두었다가 틈틈이 꺼내어 읽으며 자신의 분노 유형을 파악합니다.

예❶ 〉〉 화가 났을 때 항상 하는 말
→ "내가 못살아!" "그만하라고 했지!" "도대체 왜 그러는데?"

예❷ 〉〉 화가 났을 때 하는 행동
→ 한바탕 화를 퍼붓고 나서 원하던 반응이 나오지 않으면 될 대로 되라는 심정으로 포기해 버린다. "됐어, 그냥 하지 마." 빈정대는 말투로 비꼬며 아이가 반성하고 잘못했다고 매달릴 때까지 기다린다.

2 분노 일기 중에서 예외적인 사례(평소보다 아이가 잘 따랐을 때)를 찾아봅니다.

예 〉〉 구체적으로 무엇을 어떻게 하라고 지시했다. 아이도 잘 알아들었는지 떼를 쓰거나 고집을 부리지 않고 시키는 대로 잘 따랐다. 차분하고 솔직하게 이야기하는 것이 중요하다.

3 '예외'에서 실마리를 찾아 실천합니다.

예 〉〉 구체적으로 지시했더니 아이가 잘 이해했다. 앞으로는 구체적으로 지시하고 아이가 잘 따라 주면 칭찬해 준다.

한 걸음 더! 알짜상식

'분노 유형'은 어린 시절 부모님이 나에게 화를 내시던 모습이나, 주위 사람들이 화내는 방식이 무의식적으로 몸에 배며 형성되는 경우가 많습니다.
즉 후천적으로 몸에 밴 건 얼마든지 고칠 수 있습니다. 화내는 방식을 고치고 싶으면 우선 자신의 분노 유형을 확실하게 파악하고 말과 행동을 고치는 훈련을 반복해야 합니다.

'행복 일기장' 쓰기

요즘 내 모습을 돌아보니 툭하면 아이에게 성질을 부리고 화를 내기 일쑤. 거울에 비친 얼굴은 짜증으로 가득하고 심통이 나 있다. 왜 이렇게 화나는 일이 많을까? 이러다가는 화병으로 몸져누울 지경이다!

화가 차곡차곡 쌓여 화병으로 발전할 조짐이 보일 때 처방하면 좋은 방법이 있습니다. 바로 '행복 일기장'! 화난 일을 적거나 자신의 분노와 마주해야 하는 상황이 괴로울 때는 도리어 기쁨과 즐거움을 찾아내어 글로 적어 봅시다.

일상생활 속에 있는 사소한 기쁨과 즐거움을 보물찾기 하는 기분으로 찾아내면 긍정적인 마음가짐을 회복할 수 있습니다. '기쁨'과 '즐거움'을 눈에 보이는 형태로 만들어 자신의 마음을 행복으로 가득 채워 봅시다.

분노 일기장에는 자신의 화를 '눈에 보이는 형태'로 정리해 기록합니다. 분노 일기장은 자신이 무슨 일에 어느 정도로 화가 났는지 파악할 수 있는 중요한 가늠자가 되어 준답니다.

반대로 행복 일기장에는 감사와 긍정적인 감정을 '눈에 보이는 형태'로 차곡차곡 갈무리합니다. 행복 일기장은 어떤 일에 얼마나 기뻐하고 즐거워했는지 객관적으로 바라볼 수 있도록 정리하는 마법 노트입니다.

화를 다스리려면 우선 자기 자신에 대해 알아야 합니다. 마음이 화와 스트레스로 포화 상태가 되었을 때는 행복 일기를 쓰며 일상에서 구체적인 행복을 부지런히 찾아내 봅시다.

'행복 일기장'

일시·장소	○월 ○일 집 저녁 식사 중
일어난 일	네 살짜리 아이가 평소에 질색하던 피망을 남기지 않고 말끔히 먹었다!
생각 · 감정	아이가 처음으로 피망을 다 먹었다. 곱게 다진 게 신의 한 수! 기쁘다!
기쁨의 정도	8

기쁨, 즐거움을 느낀 순간과 장소

행복을 느낀 일 (사실)

생각을 말로 정리, 행복어 사전

1에서 10까지 기쁨의 정도를 측정

효과 매일 화나고 짜증나는 일만 생겨 삶이 고달프던 엄마에게 생활의 활력소가 되어 주는 기록들. 일상 속의 작은 기쁨을 발견, 육아의 즐거움과 보람을 느끼게 해 준다.

내용 기쁜 일이나 감사한 일을 기록

사용 방법 아무리 사소한 일이라도 상관없다. 기쁘거나 고마운 일은 열심히 기록

주의사항 기분이 최악일 때는 억지로 즐거운 일을 찾아내서 적는 것도 고역이다. 너무 힘들 때는 무리해서 적으려 하지 말고 푹 자거나 충분히 휴식을 취해 기운을 되찾는 게 더 중요하다.

행복도 분노도 '눈에 보이도록' 만들면
행복으로 가는 길을 스르르 열어 줍니다.

work 엄마와 아이가 함께하면 좋은 것

엄마의 짜증과 스트레스가 포화 상태일 때, 아이와 함께하면 좋습니다.

❶ 같이 운동하기

몸을 움직여
공격적인 에너지를 발산

❷ 쭉쭉 스트레칭

세로토닌이 분비되어
몸과 마음이 함께 이완

❸ 화를 그리거나 글로 적어서 꾸깃꾸깃
뭉치거나 찢어서 쓰레기통으로 휘리릭~

화를 눈에 보이는 형태로 만들어 밖으로
끄집어내면 속이 후련

화가 나서 폭발하기 직전이라도
반사적인 행동은 금물!
분노를 잠재우는 자신만의
'마법'을 만들어 보세요.

Chapter 4

화가 나는 이유

◆ 짜증이나 화가 나는 건 어떤 일이 내 마음대로 풀리지 않기 때문. 일이 뜻대로 풀리지 않을 때 우리 마음속에서는 어떤 일이 일어날까?

아이에게 엄마의 상식과 고정관념을 기대한다

"엄마가 몇 번이나 말했어!" "똑바로 안 할래?"

아이가 뜻대로 따라 주지 않아 짜증이 나서 될 대로 되라는 심정으로 아이에게 화를 퍼부었던 경험은 없으신가요?

이번 장에서는 '이상'과 '현실'의 차이에 초점을 맞추어 보려 합니다.

우리는 무의식적으로 아이에게 기대합니다.

'당연히 할 수 있겠지.'

'설마 이 정도도 못 할까!'

- 하나를 가르치면 열은 모르더라도 하나는 확실하게 익혀야 한다.
- 발표회 연습은 스스로 열심히 해야 한다.
- 밥은 식탁 앞에 똑바로 앉아서 먹어야 한다.
- 사용한 물건은 항상 제자리에 놓아 두어야 한다.
- 약속은 지켜야 한다.

어른의 기준에서는 너무 당연한 상식이라 굳이 의식하지 않아도 몸이 알아서 하는 일들입니다.

그런데 눈앞에서 그 당연한 상식이 깨어지는 광경을 보게 되면 엄마는 자신의 눈을 의심합니다. 그리고 짜증이 치밀며 아이에게 화가 납니다.

2장에서 설명했듯 화가 만들어지는 원리가 있습니다. '아이의 행동' = '나를 화나게 만들었다'가 아니라, 아이의 행동에 의미를 부여하는 자기 자신이 화를 만들어 내는 주범임을 알아야 합니다. 즉 내 마음속의 필터를 통과하고 남은 찌꺼기가 화를 발생시키는 셈입니다.

아이가 똑같은 행동을 해도 길길이 날뛰며 화내는 엄마와 평온하게 대응하는 엄마가 있습니다. 두 엄마의 마음속에 서로 다른 필터가 있기 때문입니다.

엄마에게 '당연한 상식'을 '아이가 하지 않는다' '(시간이 지나도) 할 줄 모른다'는 생각이 들면 조바심이 나며 짜증이 화로 바뀝니다. 아이에게 화를 낸다고 해서 엄마가 원하는 대로 움직여 준다는 보장은 없습니다. 화를 내 봤자 현실은 조금도 달라지지 않습니다.

엄마의 '상식'과 '고정관념'을 바꾸고 굽히지 않는 한, 아이가 기대를 저버릴 때마다 치밀어오르는 짜증과 화를 참아야 합니다.

분노 조절 방법을 가르칠 때는 자신의 '상식'이나 '고정관념', 조금 거창하게 표현하면 '이상'과 '소망'을 아울러서 '당위적 사고'라고 부릅니다.

화가 나는 것은 현실에서 일어난 일에 의미를 부여하는 자신의 '당위적 사고'와 밀접한 관계가 있습니다. 내 안에 어떤 '당위적 사고'가 어떻게 숨어 있는지를 찬찬히 들여다보는 시간이 필요합니다.

예 〉〉 아이가 엄마 말을 한 귀로 듣고 한 귀로 흘린다!
"엄마가 몇 번이나 말했어!" "자꾸 엄마 귀찮게 할래?"

당위적 사고

- 아이는 부모의 말을 잘 들어야 하며, 부모를 귀찮게 해서는 안 된다.
- 부모가 한 말은 명심해야 한다.

예 〉〉 아침마다 세월아, 네월아 꾸물거린다!
"바쁜데 자꾸 딴짓하며 시간 보낼 거야?"

당위적 사고

- 바쁜 아침 시간에는 빠릿빠릿하게 움직이고 부모에게 협력해야 한다.
- 아침에 늦잠을 자지 않도록 일찍 잠자리에 드는 것이 당연하다.

글로 적어 놓고 보니, 어린아이에게 너무 버거운 과제를 안겨 주었다는 생각이 들지 않나요?

아이가 부모 말을 듣지 않는다고 해서 아이에게 부모를 골탕 먹이려는 의도가 있다고 볼 순 없습니다. 또 아이가 생각대로 따라 주지 않는다고 '육아에 실패'했다거나 '육아 실력이 부족하다'고 자신을 탓할 필요가 없습니다!

자, 이번 기회에 우리들 속에 있는 '당위적 사고'를 깨끗이 씻어 냅시다!

아이에게 짜증이나 화가 날 때 어떤 '당위적 사고'를 잣대로 판단했는지 한 번 살펴볼까요?

work 짜증과 화로 보는 내 안의 '당위적 사고'

짜증이나 화가 나는 일	내 안의 '당위적 사고'
◆ 예 : 아이가 입었던 옷을 빨래바구니에 넣거나 개켜 두지 않고 허물 벗듯 몸만 쏙 빠져나간다.	→ 빨랫감은 정해진 장소에 내놓아야 한다!
◆	→
◆	→
◆	→

화를 느낄 때는 그 배경에 자신의 '당위적 사고'가 깔려 있고, 아이가 자신의 기대에 부응하지 못하면 화가 난다는 사실을 이제 이해하셨나요?

화는 자신의 '이상'이나 '소망'이 충족되지 않을 때 생겨나는 법입니다. 자신의 '당위적 사고'에 집착하면 할수록 화는 눈덩이처럼 불어난다는 깨달음을 확실하게 머릿속에 넣어 둡시다.

화를 줄이려면 현실을 바꾸려고 애쓰지 말고
자신의 '당위적 사고'를 없애는 게 훨씬 쉽고 빨라요!

아이 주변 어른들의 육아 방식이 나와 다르다는 걸 받아들이지 않는다

'제 앞가림은 할 줄 아는 야무진 아이'로 키우고 싶다는 마음에 '이상적인 육아' '이상적인 아이' 또는 '이상적인 부모(자신)'라는 이미지를 붙들고 집착할 때도 있습니다.

생각대로 따라 주지 않는 아이, 아이에게 너무 관대하거나 반대로 너무 엄한 남편, 시어머니와 선생님, 아이 친구 엄마들과 어울리며 생기는 스트레스 등 자신의 이상과 맞지 않는 일들이 너무 많아 "머리가 터질 것 같아! 날 좀 내버려 둬!"라고 소리를 지르고 싶은 순간들이 있습니다.

'여보, 가끔은 도와주는 시늉이라도 좀 해 봐요.'

'저 엄마, 평소에는 저런 말 안 하지 않았나?'

무의식적으로 자신의 '당위적 사고'를 기준으로 판단하고 스트레스를 느낍니다.

'세상에 내 맘대로 되는 일이 하나도 없어!'

스트레스의 원인은 다양합니다. 하지만 육아에 시달리는 어머니들은 대개 아이가 스트레스의 원흉이라고 생각하는 경향이 있습니다. 아이가 말을 안 듣고 말썽을 피워 속상할 때는 마음속의 잔에 부정적인 감정이 넘실넘실, 급기야 출렁이다 넘치고 맙니다. 그러면 아이에게 불똥이 튀게 됩니다.

자신의 '이상'도 '상식'도 모두 한 개인의 가치관으로, 다른 사람들도 나처럼 생각한다는 근거 없는 믿음은 혼자만의 '착각'에 불과할 수 있습니다.

내가 이상으로 여기는 '당위적 사고'는 나에게는 옳고 중요한 가치관입니다. 하지만 '사고방식'은 사람마다 제각기 다른 법. 각각의 입장에 따라 얼마든지 달라질 수 있습니다.

다른 사람에게는 그 사람의 가치관과 입장이 있고, 각자 자신의 가치관과 현재의 입장을 기준으로 행동하므로 '당위적 사고'는 각양각색인 게 당연합니다.

'육아는 이렇게 해야 한다' '아이는 이렇게 키워야 한다'라는 생각은 어떻게 형성이 된 것일까요? '모든 것은 엄마인 나에게 맞춰야 한다'라는 생각도 물론 할 수 있습니다. 하지만 아이는 엄마 혼자 힘으로 키울 수 없습니다. 주위 사람들의 도움이 있어야 무럭무럭 건강하게 성장할 수 있습니다. 다른 사람들의 마음도 살피며 짜증과 화를 줄여 나갑시다.

다음 페이지에서는 아이를 중심으로 한 주위 어른들의 인간관계 중에 엄마를 힘들게 하는 일들을 목록으로 정리해 보았습니다. 목록을 살펴보고 그중에서 육아에 대한 자신의 '당위적 사고'와 다른 이들의 행동의 바탕이 되는 '당위적 사고'를 비교해 봅시다.

사람의 가치관은 각양각색! 자신의 '당위적 사고'가 중요하듯 다른 사람의 '당위적 사고'도 중요하게 여기면, 마찰이 훨씬 줄어들어요!

work 아이 주변 어른들에게 울컥하는 마음이 들 때

남편

- 가끔은 숙제나 공부도 좀 봐주면 좋으련만, 아이와 텔레비전이나 보며 낄낄 웃고 있다.
-

시어머니

- 아이스크림은 밥을 다 먹고 난 후 디저트로 주겠다고 약속했는데 저녁 먹어야 할 시간에 아이스크림을 꺼내어 먹인다.
-

아이 친구 엄마들

- 아이들끼리 다투길래 선생님과 상담했더니 아이들 일을 시시콜콜 고자질한다며 뒤에서 험담을 한다.
-

선생님

- 다른 아이가 먼저 시비를 걸었는데 그것도 모르고 우리 아이에게만 주의를 준다.
-

자, 그 사람의 행동의 이면에는 어떤 '당위적 사고'가 작용하고 있었을까요?

예 〉〉

나의 '당위적 사고'		상대방의 '당위적 사고'
시간이 있을 때는 아빠도 아이들 공부를 봐주어야 한다!	⟷	시간이 나면 아이들과 즐거운 시간을 보내야 한다. (즐겁게 놀아 준다.)
디저트는 밥부터 먹고 나서! 밥 먹기 전에 아이스크림을 먹으면 식욕이 떨어진다!	⟷	귀여운 손주가 좋아하는 것을 먹이고 싶다. (손주에게 사랑받는 할머니가 되고 싶다.)
유치원에서 생긴 문제는 선생님께 알리고 의논해야 한다!	⟷	선생님을 찾기 전에 학부모끼리 이야기해야 한다.
먼저 시비를 건 아이를 꾸중해야 한다!	⟷	원인 제공자가 누구든, 말썽을 부린 아이는 따끔하게 혼내야 한다.

나의 '당위적 사고'와 마찬가지로 상대방의 '당위적 사고'에까지 시선을 넓혀 생각해 보면 그 입장이 이해가 되면서 결과적으로 내 마음이 편해진답니다.

이상적인 육아에 집착한다

우리가 추구하는 '이상적인 육아' 중에는 비현실적인 방식이나 불합리한 방법도 섞여 있습니다. '이상'에 가까워지려고 노력하지만 결과는 뜻대로 되지 않습니다. 이상을 고집함으로써 주위 사람들과 충돌하거나 자신과 아이만 괴로워질 수도 있습니다. 이번 기회에 자신의 육아 방식을 돌아보고 잘못된 것이 있다면 궤도를 수정하는 게 어떨까요.

예를 들어 아이의 잠자는 시간 때문에 말이 많은 어느 가정을 잠시 들여다볼까요?

"애들은 늦어도 아홉 시에는 잠자리에 들어야 한다."

아이들이 잠자는 시간을 정해 놓고 엄격하게 따르기를 고집하는 엄마가 있습니다. 일찍 자고 일찍 일어난다는 목표 자체는 나쁘지 않습니다.

"무슨 일이 있어도 아홉 시에는 자러 가야 해!"

엄마 혼자 정해 놓고 아이에게 강요한다면 어떨까요?

◆ 이상에 집착할 때 발생하는 일 ◆

- 남편의 퇴근 시간에 따라 기분이 오락가락한다.
- "잠이 안 오니 자지 않겠다"고 보채는 아이에게 짜증이 난다.
- 아이가 늦게 자면 나 혼자만의 시간이 줄어 화가 난다.

육아서에는 이런저런 좋은 말이 차고 넘칩니다.

하지만 육아서의 조언은 어디까지나 '이상'! 이상에 휘둘리면 짜증과 화만 늘어날 수 있습니다.

생활의 균형이나 가족 관계, 사회 분위기 등을 무시하면서까지 자신의 '이상'을 추구하면 주위 사람들과의 관계에 균열이 생기고 모든 것이 삐걱대기 시작합니다.

주위 사람들과의 충돌로 이어지기 쉬운 '당위적 사고'를 바로잡고 '대응 방법'을 돌아보는 '마법 노트'를 작성해 봅시다. 같은 일을 두고도 대하는 사람의 마음가짐이 달라지면 짜증이나 화가 눈 녹듯 사라진답니다!

마법 노트를 작성하는 방법

❶ 짜증이나 화를 느끼는 일을 적는다.

❷ 위의 일 중 자신의 '당위적 사고'에서 비롯된 일을 찾아낸다.

❸ 81페이지를 참고해 상대방의 '당위적 사고'를 헤아려 보거나, 다른 대안은 없는지 생각해 적어 본다.
그리고 새롭게 깨달은 부분이 있으면 의식적으로 그 방법을 도입해 본다.

이상을 너무 고집하면 '현실'과의 괴리가 발생하고,
자신과 가족을 옥죄고 괴롭혀 스트레스의 주범이 된답니다!

work 마법 노트

	예시	예시처럼 작성해 보자
❶ 짜증이 날 때	• 아홉 시가 넘었는데 아이가 자려고 하질 않는다. • 재우는 시간이 아깝다…….	
❷ 자신의 '당위적 사고'	• 애들은 아홉 시면 자야 한다! • 아홉 시 이후의 자유시간이라도 있어야 내 숨통이 트인다!	
❸ 다른 사고나 방식 도입	기본적으로 아홉 시에 자는 습관은 좋지만, 언제나 예외는 있다. • 기분이나 컨디션에 따라 아이도 잠이 오지 않을 때가 있다. • 목적은 좋은 습관 기르기, 가끔은 예외를 둘 수 있다. • 짜증을 낸다고 아이가 빨리 잔다는 보장은 없다. 짜증을 내는 대신 대화를 나누자.	

같은 일을 두고도
대하는 마음가짐이 달라지면
짜증이나 화가 눈 녹듯
사라진답니다!

Chapter 5

후회하지 않고 화내는 법

◆ 화를 다스릴 줄 아는 현명한 엄마로 거듭나요♪
'후회하지 않고 화내는 법'을 익히기 위해, 분노 조절을 배워 봅시다!!

'화를 낼 때'와 '화내지 않을 때'를 확실하게 구분한다

끝이 보이지 않는 육아, 아이와 씨름하다 보면 기분이 멋대로 날뜁니다.

'그렇게까지 화낼 필요는 없었는데…….'

눈물이 쏙 빠지게 아이를 혼내 놓고 나중에 후회한 적은 없으신가요? 화를 내고 후회한다면 사실 화를 낼 필요가 없는 일이었는지도 모릅니다.

물론 반대의 경우도 있습니다.

'그때는 정신이 없어서 그냥 넘어갔지만, 그때 따끔하게 이야기하고 화를 내는 게 나았을 텐데!'

화를 내지 않아서 후회하는 상황도 있습니다. 더러는 화를 내는 게 정답일 때도 있는 법입니다.

분노 조절이란 후회하지 않고 화낼 수 있는 방법

분노/화	+	조절/후회하지 않기

아이에게 절대로 화를 내서는 안 된다거나 화를 참아야 한다는 무조건적인 주장은 옳지 않습니다.

이제 조금 마음이 놓이셨나요? '후회하지 않고 화내는 방법'을 익히려면 우선 '화낼 때'와 '화내지 않을 때'를 구분해야 합니다.

자, 그럼 다음 물음에 답해 봅시다.

work 아이가 이렇게 했을 때, 화를 낸다? 화내지 않는다?

아이가 일어나서 유치원이나 학교에 갈 때까지의 아침 시간은 분초를 다투는 바쁜 시간입니다. 그래서 욱하고 짜증이 치미는 빈도도 잦습니다.
아이가 이런 행동을 했을 때, 엄마는 화를 낼까요? 내지 않을까요?
화낸다·화내지 않는다·화를 낼 때도 있고 내지 않을 때도 있다.(그때그때 다르다.)
이 세 가지 중 해당하는 대답을 하나만 골라 □에 표시합니다.

	화낸다	화내지 않는다	그때그때 다르다
❶ 아이가 일어나야 할 시간에 일어나지 않는다.	□	□	□
❷ 아이가 밥을 먹는 둥 마는 둥 밥상머리에 앉아 깨작거린다.	□	□	□
❸ 유치원이나 학교에 갈 시간이 다 됐는데도 서두르지 않는다.	□	□	□
❹ 장난감을 정리하지 않는다.	□	□	□
❺ 텔레비전(게임)만 붙들고 있다.	□	□	□

'화를 낼 때도 있고 내지 않을 때도 있다'에 몇 개나 표시하셨나요?

날마다 또 상황마다 아이는 같은 행동을 하는데 엄마는 화를 낼 때도 있고 내지 않을 때도 있지 않나요?

짜증이 날 때 우리는 화를 내기도 하고 내지 않기도 합니다. 화를 내고 내지 않고의 경계선이 희미합니다. 즉 '화낼 때'와 '화내지 않을 때'가 확실하게 구분되어 있지 않고 뒤죽박죽 섞여 있는 셈입니다.

엄마가 화를 내고 안 내고의 경계선은 대개 '기분'에 달려 있습니다.

엄마 기분이 좋을 때는 넘어가 주고, 심기가 불편하면 아이에게 고약하게 굴며 화를 냅니다.

엄마의 기분에 따라 화를 내기도, 안 내기도 하는 방식은 일관성이 없어서 교육적으로도 바람직하지 않습니다.

◆ 기분에 따라 화낼 때의 문제점 ◆

- 아이는 엄마가 언제 화를 내고 화를 내지 않는지 갈피를 잡지 못해 어리둥절합니다. 어떤 행동은 해도 되고, 어떤 행동은 안 되는지 혼란스럽습니다.
- '오늘은 엄마 기분이 안 좋으니까 조심해야지.'
  '오늘은 엄마 기분이 좋으니까 넘어가 주실 거야.'
  아이는 어떤 일을 판단할 때 옳고 그름이 아니라 부모의 눈치를 살피는 행동을 하게 됩니다.

기분에 따라 계속 화를 내면…….

아이가 말을 듣지 않게 됩니다.
옳은 일과 그른 일을 구분하지 못하고, 훈육이 통하지 않게 됩니다.

화를 낼지 말지는 '기분'이 아니라 '후회할까, 후회하지 않을까?'를 기준으로 정해야 합니다.

아래 '엄마의 이상적인 삼중원'을 살펴봅시다.

가운데 있는 ❶은 엄마의 이상인 '당위적 사고'입니다. 어떤 일이 엄마의 생각대로 이루어지면 화를 내지 않습니다. ❷는 이상적이지는 않지만, 허용 가능 범위. 마지막 ❸은 용납할 수 없는 범위. 엄마는 ❷와 ❸ 중 어느 쪽일 때 화를 낼까요? 아마 화낼 필요가 없는 ❷ '그럭저럭 넘어가 줄 만한 수준', 즉 허용 범위 안에서도 '기분이 나쁠 때'는 화를 낼 때가 많았을 것입니다. 울컥하고 짜증이 치밀어 오르더라도 ❸으로 넘어가지 않고 ❷에 머물려고 노력해야 합니다.

◆ 엄마의 이상적인 삼중원 ◆

❶ 허용 가능 범위(엄마의 이상에 부합)
❷ 그럭저럭 허용 가능 범위(이상적이지는 않지만 넘어가 줄 수 있다)
❸ 허용 불가 범위(절대로 용납할 수 없다)

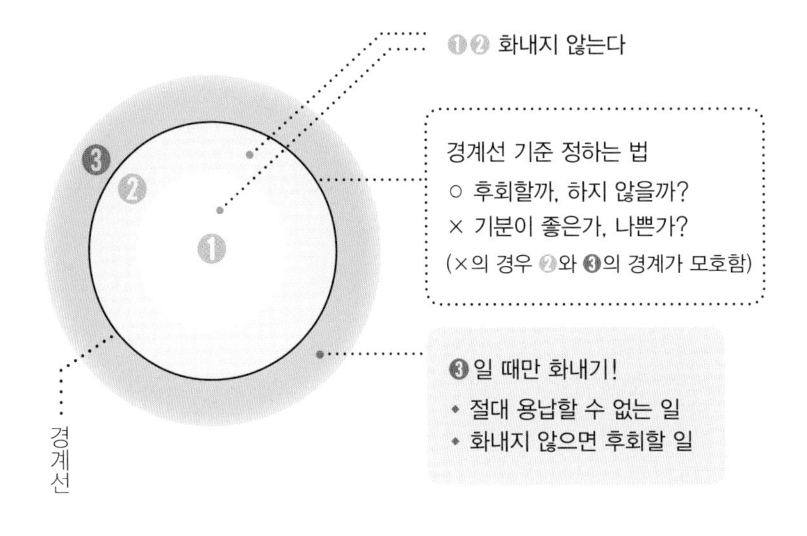

엄마의 마음 그릇을 키워 아이의 본보기가 된다

후회하지 않고 화내는 방법을 익히려면 화 많은 체질에서 '화내지 않는 체질'로 엄마의 체질을 개선해야 합니다. 삼중원의 ❶과 ❷를 넓혀 엄마의 그릇을 키웁시다.

그렇다면 그릇이 작은 엄마와 큰 엄마는 무엇이 어떻게 다를까요?

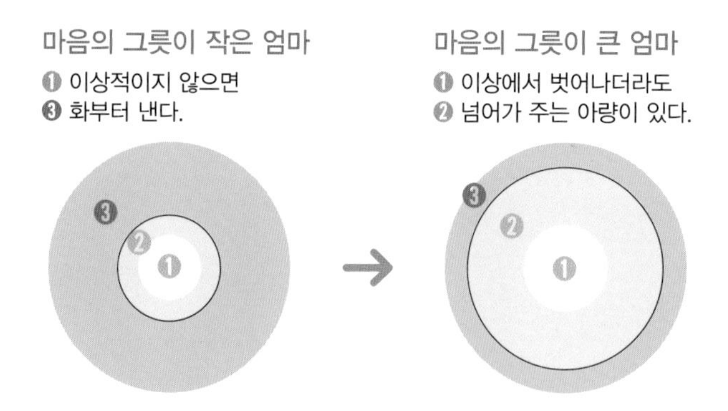

마음의 그릇이 작은 엄마는 ❶의 이상이 높고 화의 원인이 되는 자신의 '당위적 사고'에 집착합니다. 자신의 이상❶을 충족시킬 수 없는 일은 한 치의 양보도 없이 ❸으로 넘어가 화를 냅니다.

반면 그릇이 큰 엄마는 자신의 이상❶과 다소 맞지 않더라도 받아들입니다.

'살다 보면 어쩔 수 없는 상황도 있지.'

'화낼 정도는 아니야.'

'지금은 못 해도 언젠가 할 수 있는 날이 올 거야.'

그릇이 넓은 엄마는 ❷에 해당하는 영역이 넓고 수비 범위 자체가 넓습니다. 즉 ❷의 포용력이 큰 사람입니다.

❶은 어디까지나 이상적인 상태. 자신의 이상을 고수하는 게 잘못은 아닙니다. 그러나 현실과 이상의 차이가 크면 클수록 아이의 사소한 말과 행동에도 짜증이 솟구치고 조바심이 납니다. 아이를 키울 때는 장기적인 관점으로 '이상적인 상태가 될 수 있다'고 목표를 세워야 합니다.

지금부터는 ❷의 허용 범위가 어느 정도인지 가늠해 봅시다.

예를 들어 번갯불에 콩 구워 먹는 속도로 어린이집이나 유치원, 학교에 아이를 보낼 준비를 해야 하는 아침 시간을 떠올려 봅시다. 엄마는 아이가 꾸물거리지 않고 척척 준비를 마쳐 주기만을 바랍니다.

자, 여러분은 아이가 어떻게 등교 준비를 해 주기 원하시나요?

work 허용 범위를 넓히자

엄마의 허용 범위(이상적인 상태)
예: 등교 시간에 맞추려면 모든 준비를 마쳐야 한다.

위의 예에서 어느 정도 시간의 여유가 있으면 넘어가 줄 수 있나요?
'최소한 ~라면 OK'라고 자신의 허용 범위에 해당하는 괄호 안에 동그라미를 쳐 봅시다.
'절대 안 돼!'라는 항목에는 가위표를 칩니다.

( ) A 최소한 나가기 10분 전까지 준비를 마치면 OK
( ) B 최소한 나가기 5분 전까지 준비를 마치면 OK
( ) C 최소한 등교 시간까지 나갈 준비를 마치면 OK
( ) D 최소한 등교 시간이 지나도 지각만 하지 않으면 OK
( ) E 지각하더라도 스스로 준비를 마치면 OK

그럼 결과를 함께 살펴볼까요? 동그라미를 친 항목 중에 ❶의 이상적 상태에 가까운 것부터 ❸의 '절대 안 돼!'(허용 불가 상태)까지 우선순위를 매깁니다. 경계선을 알면 아이에게 전하기 쉽답니다.

아래 괄호 안에 알파벳으로 적어 봅시다.

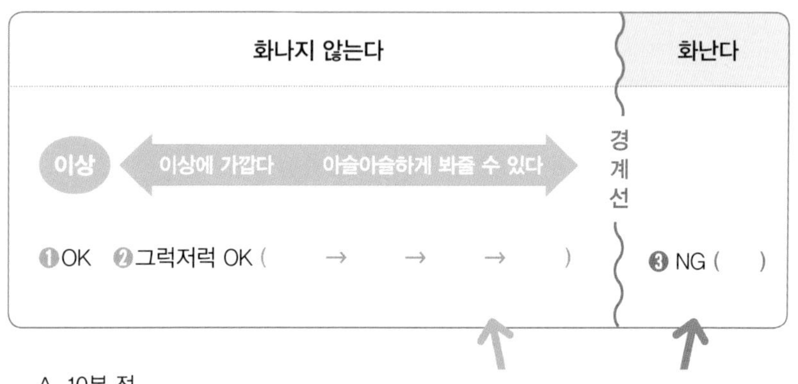

A 10분 전
B 5분 전
C 등교 시간
D 지각하지 않는 시간
E 지각하더라도 스스로 준비

어디까지 OK? 어디부터 NG?

아이에게 경계선을
구체적으로 알려 준다.

"제대로 준비 안 할 거야?"

"지각 안 하려면 서둘러야지."

익숙한 잔소리지만 사실 아이에게는 너무 어려운 주문입니다.

"최소한 집에서 나가기 5분 전까지는 준비를 마쳐야지."

아이가 경계선을 확실하게 알 수 있도록 구체적으로 전달해야 합니다.

"준비하는 데 시간이 걸리더라도 지각은 절대 안 돼."

지시사항과 함께 엄마가 절대 용납할 수 없는 ❸의 경계선도 알려 줍니다.

work 나를 화나게 하는 일 목록

'절대 그냥 못 넘어가!' '따끔하게 꾸중하지 않으면 나중에 후회한다!'
여러분에게 ❸의 NG 영역에 속하는 일들은 무엇이 있을까요?

예: 친구를 주먹으로 때리거나 발로 찼을 때

필요할 때 화를 내는 것도 아이를 위한 엄마의 사랑!

화를 낼 때 지켜야 할 세 가지 규칙

삼중원의 ❸의 NG 영역에 들어가는 일은 아이에게 미리 알려 줍니다.
그렇다면 아이에게 어떻게 설명해야 할까요?

차분하게 타이른다?
사랑의 매를 든다? 꿀밤을 때린다? 호통을 친다?
깜깜한 방에서 혼자 반성하게 한다?

엄마가 절대 용납할 수 없는 일이 무엇인지 다음의 세 가지 규칙을 지키며 아이에게 알려 줍니다.

◆ 화낼 때 지켜야 할 세 가지 규칙 ◆

❶ 아이(사람)에게 상처 주지 않는다.

❷ 엄마(자기 자신)에게 상처 주지 않는다.

❸ 물건을 던지지 않는다.

❶ 아이(사람)에게 상처 주지 않는다.

- 인격을 부정하거나 아이의 인권을 침해하는 말을 하지 않는다.

→ "넌 진짜 구제불능이야."
"엄마가 도대체 널 왜 낳았는지 모르겠다!"

- 폭력을 행사하지 않는다.

→ 때린다, 주먹질한다, 발로 찬다.

❷ 엄마(자기 자신)에게 상처 주지 않는다.

- 자신의 양육 방식에 문제가 있다며 도를 넘을 정도로 심하게 자책한다.

→ "나는 엄마 자격이 없는 사람이야."
"잘못 키운 못난 엄마 잘못이지.
다 내 책임이야."

마음속 가시로 자신의 가슴에 생채기를 내지 않도록 조심합시다.

부모와 자식은 하늘이 내린 소중한 인연이지만 엄연히 별개의 인격을 지니고 있습니다. 아이도 엄마도 완벽할 수 없습니다. 반성은 하더라도 필요 이상으로 자신을 탓하지 않도록 주의합시다. 모든 것을 못난 자신 탓으로 돌리면 육아가 괴로워질 뿐입니다. 자책하지 마세요. 지금 충분히 열심히 살고 있으니까요.

❸ 물건을 던지지 않는다.

- 화를 주체하지 못하고 손에 잡히는 대로 물건을 던진다.

애꿎은 물건에 화풀이를 해도 화는 줄어들지 않습니다.

물건을 때려 부수는 동안에는 잠시나마 속이 후련할 수 있겠지만, 점점 더 강도가 올라가기 마련이고 후유증은 엄청납니다. 아이가 느낄 공포와 상처는 또 어떻고요!

아이는 '화내는 법'을 부모 등 가까운 어른을 보고 자연스럽게 모방해 익힙니다. 아이가 화내는 모습을 보고 '저 녀석! 나랑 화내는 모습이 똑같잖아?'라고 소스라치게 놀랐던 적은 없으신가요?

이 세 가지 규칙을 지키면 화를 내도 괜찮습니다. 엄마의 모습을 지켜보고 자라는 아이도 똑똑하게 화낼 수 있도록 아무리 화가 나는 상황이어도 세 가지 규칙을 반드시 지켜야 합니다.

화를 내고 후회하지 않으려면
'화낼 때'와 '화내지 않을 때'를
구분해야 합니다.

Chapter 6

화내지 않고 훈육하는 법

◆ 분노 조절 마법과 조합하면 아이 키우는 재미를 새록새록 느낄 수 있답니다♪

아이를 훈육할때 하지 말아야 할 것

혹시 화날 때마다 단골로 사용하는 대사가 없나요?

"휴, 너 바보 아냐?"

"그만 좀 하지?"

"누굴 닮아 이렇게 이상한 짓만 골라 할까!"

안타깝지만 모두 입에 담아서는 안 되는 나쁜 말!

하나같이 상대방을 탓하는 말(YOU 메시지)입니다.

'가는 말이 고와야 오는 말이 곱다'는 말을 떠올려 봅시다.

(공익광고처럼 알맹이 없는 충고로 느껴질 수 있겠지만, 오늘부터 바른말 고운 말을 사용합시다!)

부적절한 표현이 입버릇으로 배면 부모와 자녀 사이에 악순환의 고리가 만들어집니다.

지금부터는 분노의 이면에 숨은 진짜 감정(실망, 충격, 불안, 혐오 등)에 집중!

"엄마(나)는 다른 사람을 때리는 사람이 너무 싫어!"

자신이 주어가 되는 문장(I 메시지)으로 전달하는 방법을 사용해 보세요.

부모와 자녀 사이에 형성되는 악순환의 고리

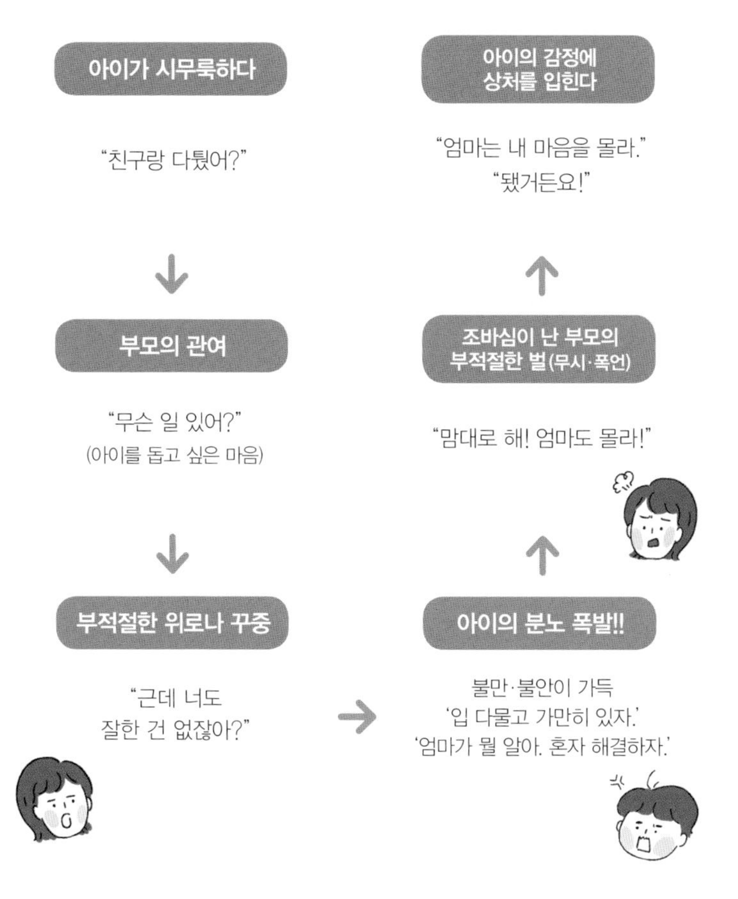

부모와 자녀 사이에 악순환의 고리가 형성되면 아이는 마음을 닫고 입을 굳게 다뭅니다. 서로가 서로를 이해하지 못해 나날이 관계가 악화, 악순환의 고리가 만들어지지 않도록 주의를 기울여야 합니다.

아이를 키우는 엄마라면 누구나 하게 되는 경험이 있습니다. 울고불고 떼를 쓰는 아이를 달래다 지쳐 '에라, 모르겠다!'는 심정으로 아이가 해 달라는 대로 해 줘 버린 경험. 소신 있게 실천하려 노력했던 육아 방침을 스스로 파기하고 나중에 후회했던 적은 없나요?

전철 안에서 시끄럽게 소란을 피우지 않도록 스마트폰을 가지고 놀라며 줘 버리거나, 얌전히 있으라고 평소 주지 않던 과자로 아이의 입막음을 하는 등의 일 말이에요.

무슨 일에나 중심이 필요한 법입니다. 중심을 잘 잡아야 기분에 따라 오락가락하지 않고 꿋꿋하게 험난한 육아의 바다를 헤쳐 나갈 수 있습니다. 부모와 자녀 사이에 악순환의 고리가 형성되지 않도록 사랑하는 내 아이를 위해 부모가 뚝심 있게 버티고 서서 든든하게 중심을 잡아 주어야 합니다. 자, 이제 여러분이 생각하는 육아의 중심을 글로 적어 볼까요.

work **육아의 중심은?**
내가 소중하게 생각하는 가치, 특히 신경 쓰고 싶은 부분은?

예: 섣불리 단정 짓지 않는다. 반드시 이유를 물어본다 등

아이를 꾸중할 때 적절하게 표현할 수 있도록 다음의 다섯 가지 마법의 정수를 활용해 봅시다.

마법의 정수 1 일방적으로 단정 짓지 않는다

'맨날' '매번' '절대로' 등의 말은 금물. 일방적으로 나무라면 아이의 기분만 상하게 만듭니다.

마법의 정수 2 기분이 나쁘다고 화내지 않는다

내 기분이 나쁘다고 화를 내는 건 금물. 화내는 기준이 중구난방이면 육아의 중심이 바로 설 수 없습니다. 화내는 기준은 내 기분이 아니라, '지금 현재'의 일이 되어야 옳습니다. 전에는 괜찮았는데 이번에는 안 된다고 하면? 오락가락하는 엄마의 기분을 맞추지 못한 아이는 혼란스러워질 뿐입니다.

마법의 정수 3 과거를 들먹이지 않는다

'지금'에 초점을 맞추어 이야기해야 합니다.
전에 일어난 일까지 모조리 끄집어내 잔소리 폭탄을 퍼부으면, 아이는 자기가 왜 혼나는지 이유를 몰라 어안이 벙벙해집니다. 아이를 꾸중할 때는 한 가지 일에 초점을 맞추어야 합니다.

마법의 정수 4 원인을 따지지 않는다

왜? 도대체 무엇 때문에? 꼬치꼬치 원인을 따지면 당하는 사람은 변명을 찾느라 바빠집니다. 앞으로는 "무슨 일이 있어서 ~를 했니?"라고 질문을 바꾸어 봅시다. 제대로 질문하면 아이는 마음을 활짝 열고 솔직하게 이야기해 줍니다. 그리고 어떻게 해야 할지 아이와 머리를 맞대고 함께 해결책을 생각해 봅니다.

마법의 정수 5 인격을 부정하지 않는다

"누구네 집 자식인지 진짜 구제 불능이다." "머리가 어떻게 된 거 아냐?" "맘에 드는 구석이 하나도 없어!" 인격을 송두리째 부정하는 말은 입에 올리지도 맙시다. 꾸중할 때는 "거짓말 하면 못써" "공공장소에서 뛰어다니면 안 돼"처럼 잘못된 행동을 지적하는 화법을 사용합시다.

아이의 입장에서 해결책을 찾는다

"아직 멀었어?"

"내가 몇 번이나 말했어!"

"자꾸 그럴래?"

엄마들이 하루에도 몇 번씩 입에 올리는 귀에 익은 대사. 이런 말을 내뱉는 순간 분노의 강도는 상승곡선을 그릴 뿐입니다.

'일방적으로 단정 짓지 않겠다'고 다짐합시다.

아이 행동의 이면에는 겉으로 보아서는 알 수 없는 이유가 숨어 있습니다.

마법의 가루를 솔솔 뿌려 말하는 방식을 살짝만 바꾸어 봅시다.

마법의 가루 1 아이 입장에서 생각해 본다

혼내기 전에 잠시 아이의 입장에 서서 생각해 봅시다. 곰곰이 다시 생각해 보면 엄마의 삼중원(91페이지)의 ❷에 들어가는 허용 가능한 수준의 일일 수도 있습니다. 아이의 입장에 서서 보면 일방적으로 결론을 내리거나, 주체하지 못한 화를 폭발시키지 않고 수습할 수 있습니다.

다음 페이지, 아이의 입장이 되어 생각하는 방법을 참고해 봅시다.

◆ 내 마음 ◆	◆ 아이 입장 ◆
"몇 살인데 아직 오줌도 못 가려!" 아이고, 내가 못살아!	긴장했나? 무서운 꿈이라도 꿨나?
"숙제하라고 했지!" 속 터져!	공부가 힘든가? 피곤한가?
"비는커녕 해가 쨍쨍한데 우산에 장화에, 무슨 난리야?" 엄마 괴롭히려고 그래?	우산이랑 장화가 맘에 드나 보네. 아니면 새로운 슈퍼 히어로 복장?
장난감 쟁탈전 "그만 좀 해!" (부들부들)	가지고 놀던 장난감에 싫증이 났나?
"치우라고 했지!" 분노 폭발	정리정돈 방법을 모를 수도 있지. 아직 어리잖아!

마법의 가루 2 아이의 입장에서 해결책을 제안한다

"맨날 어지르기만 하고, 치울 줄은 모르고! 언제까지 엄마가 네 뒤를 따라다니면서 치워야 하니?"

"그만 좀 하라니까!"

일방적으로 아이를 탓하는 방식으로 꾸중하지는 않으셨나요? 아이를 나무란다고 해결되는 일은 아무것도 없습니다.

앞으로는 조금 다른 방식으로 말하는 게 어떨까요? 어떻게 하면 좋을지 해결책을 제안하는 방법입니다. 아이가 쉽게 받아들이기 힘든 제안도 있겠지만, 엄마의 감정을 솔직하게 전달하면 아이도 순순히 응할 것입니다.

화를 정리하기 위해 다음에 소개하는 '네 개의 상자'도 함께 활용해 봅시다.

work 네 개의 상자에 정리해 아이에게 제안해 본다

❶ 사건	❷ 말과 행동
예 》 몇 번이나 말했는데 장난감을 정리하지 않는다.	예 》 몇 번을 말해야 들을래! 엄마 속 터져 죽는 꼴 보려고 그래? 안 치우면 몽땅 내다버릴 거야!

❸ 바람	❹ 감정(진짜 기분)
예 》 가지고 논 장난감은 바로바로 치웠으면 좋겠다.	예 》 같은 말을 고장난 녹음기처럼 반복하다 보니 지친다. 실망, 지긋지긋함, 답답함.

제안

예 》 아이 곁으로 다가가 "네가 가지고 논 장난감을 안 치워서 엄마 너무 속상해! 이제 곧 저녁 먹을 시간이니까 6시까지(15분 후) 장난감을 이 상자에 담아서 정리해 줘. 그럼 엄마 너무 기쁠 거야. 치워 줄 거지?"라고 말한다.

목표를 정확히 조준해서 솔직하게,
어떻게 말해야 좋을지 연습해 보세요.

육아 에피소드②

이제 일곱 살이 된 아들은 화장실에 가면 감감무소식. 집에서든 밖에서든 화장실만 갔다 하면 함흥차사. 화장실 안을 들여다보면 어김없이 '멍때리고' 있답니다.
어느 날, 아들에게 먼저 이야기를 꺼냈습니다.
"좋은 아이디어를 떠올릴 수 있는 장소가 어디 없을까?"
"화장실!"
기다렸다는 듯이 대답하는 아들. 오랜 수수께끼가 드디어 풀렸던 순간입니다.
그러고 보니 옛날부터 좋은 생각이 떠오르는 장소는 말 위, 베갯머리, 화장실이라는 말이 있을 정도로 화장실은 유서 깊은 사색의 공간입니다. 아이디어가 잘 떠오르는 공간 순위에서도 '화장실'은 항상 상위권을 차지합니다. 혼자 있을 수 있고, 긴장을 풀 수 있습니다. 아들이 화장실에만 가면 함흥차사였던 데는 나름대로 이유가 있었던 셈입니다.

육아 에피소드③

어느 날, 코앞에 떡 버티고 앉은 일곱 살짜리 아들 녀석. 아무 생각 없이 "저리 가!"라고 말했더니, 맹랑한 대답이 돌아왔습니다.
"엄마, '저리 가'라는 말을 하면 제가 상처 받아요. 그러니까 다음에는 '비켜줄래'라고 말씀해 주세요."
듣고 보니 옳은 말입니다. "저리 가"라는 말은 아이에게는 너무 독한 말입니다. 아들 말을 듣고서야 '아차' 싶었습니다. 아들은 자신의 감정을 확실하게 전달했을 뿐 아니라, 대안까지 멋지게 제시했습니다. 어린 녀석에게 한 수 배우고 머쓱해진 엄마였습니다.

아이가 하지 않는지, 할 수 없는지를 살펴본다

입이 아프도록 말했건만 아이가 말을 듣지 않을 때 어느 엄마 입에서나 나오는 판에 박힌 잔소리들이 있습니다.

"엄마 말 안 들을래?"

"몇 번을 말해야 들을래? 누굴 닮아 이렇게 고집불통일까!"

"어쭈, 벌써 반항기야?"

당신은 어떠신가요?

자, 잔소리를 퍼붓기 전에 아이의 모습을 잠시만 눈여겨봐 주세요.

아이가 그냥 '하지 않는' 걸까요……? 아니면, '할 수 있는데' 꾀를 부리며 '하지 않는' 걸까요?

어쩌면 '할 수 없는' 이유가 있는 건 아닐까요?

아이에게는 각자의 개성이 있습니다. 그래서 '다른 아이보다 잘할 수 있는 일'과 '서툰 일'도 아이마다 제각각 다릅니다. 그런데 어른들은 아이가 시키는 대로 '하지 않는' 이유를 '게을러서'라거나 '반항'이라며 일방적으로 단정 짓습니다. 아이 행동의 이면에는 때로 어른이 놓친 '할 수 없는 이유'가 숨어 있을 수도 있습니다.

아이가 '일부러 하지 않는다'고 단정 짓고 아이를 몰아세우는 것보다, '할 수 없는' 진짜 이유를 찾아내 아이에게 맞춰 주고 '할 수 있도록 도와주는' 것이 현명한 엄마가 되는 지름길입니다.

◆ 잔소리 타이밍과 아이의 망설임의 상관관계 ◆

◆ 사람이 말을 하면 대답을 해야지, 무슨 말을 하든 꿀 먹은 벙어리, 답답해서 속이 터진다!

→ 엄마가 무슨 말을 하는지 알아듣지 못했다.
무슨 말인 줄 알지만, 자기 생각을 말로 표현할 수 없다.

◆ 숙제를 계속 미룬다. 계속 미루다 어물쩍 그냥 넘어갈 생각? 어린 녀석이 벌써 잔머리를 쓰나?

→ 의욕의 문제가 아니라 시력이나 연필을 쥐는 악력에 문제가 있을 수도 있다.

◆ 교실에서 큰 소리로 떠들다 선생님께 꾸지람을 들었지만 좀처럼 고쳐지지 않는다!

→ 하나의 행동에서 다음 행동으로 넘어가는 단계를 원만하게 처리하는 능력이 부족.
(혼낸다고 없던 능력이 갑자기 생기지는 않는 법. 다그치면 사태를 악화시킬 수도 있다.)

아이도 자신이 왜 망설이는지 이유를 모를 때가 많습니다. '따끔하게 혼내면 할 수 있게 된다'는 생각도 어른의 '일방적인 믿음'일 뿐입니다.

우선 인내심을 가지고 차분하게 아이의 이야기를 들어 줍시다. 그러다 보면 생각지도 못한 뜻밖의 이유를 찾아낼 수 있을 테니까요.

"자꾸 농땡이 부릴래?!" "사춘기도 아닌데 반항할 거야!?"라고 비난하고 단정 짓지 말고, 아이가 멈칫하는 포인트부터 함께 찾아보세요.

아이 스스로 해결책을 찾게 한다

아이가 고분고분 말을 듣기 바라는 엄마들이 흔히 사용하는 방법이 있습니다. '어른의 요구나 기대를 일방적으로 아이에게 강요'하는 것입니다. 엄마가 하는 말에 토 달지 않고 의문을 제기하지 않고 순순히 따르는 유아기에는 어느 정도 통합니다. 다소 불합리한 지시라도 어린 아이들은 순순히 어른 말을 따릅니다.

하지만 어느 정도 나이를 먹고 머리가 굵어지면 사정이 달라집니다. 말대꾸는 기본이고, 시키는 일을 매몰차게 거절할 때도 있습니다.

'어라? 지금까지 쓰던 방법이 안 통하잖아…….'

엄마도 그제야 당황하게 됩니다.

이 경우 엄마의 대응은 크게 두 가지로 나뉩니다. 아이의 반응은 아랑곳없이 엄마가 계속해서 고압적으로 강요하는 집이 있고, 또 싸우는 게 귀찮아 무조건 아이에게 굽히고 들어가는 집도 있습니다. 아이의 요구를 계속 들어주다가 '이래도 괜찮을까?'라고 슬슬 불안해집니다. 그러다가 자신의 육아 방식에 자신감을 잃는 엄마도 많습니다.

'엄마의 요구를 밀어붙이는 방식'과 '아이에게 무조건 맞춰 주는 방식'은 모두 극단적인 소통방식입니다. 둘의 중간 지점인 '엄마와 아이가 모두 수긍할 수 있는 방식'이 이상적입니다.

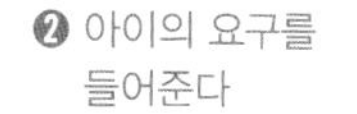

◆ 엄마가 취할 수 있는 세 가지 전략 ◆

❶ 엄마의 요구를 일방적으로 밀어붙인다

❷ 아이의 요구를 들어준다

❸ 엄마와 아이가 합의한다

❸이라면 → 아이에게 "어떻게 하면 좋을지 같이 생각해 볼까?" "어떻게 해야 좋을까?"라고 대화의 주도권을 넘기면 아이의 주체적인 태도를 이끌어낼 수 있다.

- 아이의 상황을 이해한다.

  아이가 안고 있는 걱정거리나 생각을 자세히 물어본다.

- 문제를 찾아내 돕는다.

  어떤 문제를 해결하지 않고 내버려두면 어떤 곤란한 일이 생기는지 의견을 전한다.(해결책은 제시하지 않는다!)

- 문제를 어떤 방법으로 극복할 수 있을지, 아이의 의견을 들어 본다.

  아이 스스로 '해결책'을 생각해 내고, 부모와 아이가 모두 만족할 수 있는 합의점을 찾는다.

부모와 아이가 합의하고 만족할 수 있는 해결책을 찾아내려면 많은 시간과 노력이 필요합니다. 그래도 효과는 가장 확실하니 꼭 도전해 보세요!

'도대체 왜?'보다 '어떻게 할까?'를 아이와 생각한다

분노 조절은 '문제 해결'에 초점을 맞추는 접근 방식(Solution Focus Approach)에 바탕을 둔 심리 훈련입니다. 즉 문제의 '원인'과 '과거'보다 '해결책'과 '미래'에 초점을 맞추고 있습니다.

아이에게 이런 말을 한 적은 없으신가요?

◆ 원인 찾기 ◆

왜 피아노 연습 안 했어?
그러니까 실력이 안 늘지!

왜 공부 안 했어?
그러니까 성적이 이 모양이지!

왜 친구한테 장난감 안 빌려줬어?
그러니까 친구가 울지!

왜 학교에서 온 알림장 안 보여 줬어?
너 때문에 엄마가 준비물을 깜빡했잖아!

엄마는 아이의 잘못을 찾아내는 '원인 찾기'의 명수. 그런데 정작 '원인'은 덮어 놓고 아이를 혼내기만 하고 잔소리를 끝낼 때가 많습니다. 이미 끝나 버린 과거의 일을 두고 이러쿵저러쿵 따져 봐야 아무것도 달라지지 않습니다.

엄마는 눈앞의 문제를 해결하고 싶어서 아이에게 화를 냈겠지요?

문제를 해결하려면 원인 찾기에서 '도대체 왜?'를 그만두고, '어떻게 할까?'라고 미래로 눈을 돌려 해결책을 떠올려야 합니다.

◆ 해결책 ◆

어떻게 하면 피아노 실력이 늘까?
어떻게 하면 피아노 연습을 할 수 있을까? → 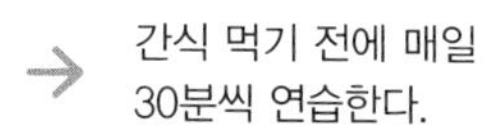 간식 먹기 전에 매일 30분씩 연습한다.

어떻게 하면 시험 점수가 오를까? → 오답노트를 만들고 틀린 문제를 복습한다.

어떻게 하면 친구에게 장난감을 빌려줄 수 있을까? → 먼저 가지고 놀고 10분씩 돌아가면서 사이좋게 갖고 논다.

집에 돌아오자마자 알림장을 전달하려면 어떻게 해야 할까? → 알림장 상자를 만든다.

아이는 이 세상에 태어난 지 몇 년 되지 않은 어리고 미숙한 존재입니다. 아이의 나이와, 엄마가 엄마가 된 나이는 같습니다. 아이도 엄마도 완벽하지 않습니다.

'우리 애는 왜 이렇게 속을 썩일까!'

'내가 엄마 자격이 없는 사람일까?'

아이를 탓하고 자신을 탓하고 싶을 때일수록 '옥에 티' 찾기를 그만두고 간절히 바라는 미래를 위해 '어떻게 할까?' 생각해 봅시다.

'나는 우리 아이가 어떤 사람으로 자라기를 바랄까?'

'나는 아이에게 어떤 부모가 되고 싶을까?'

'행복한 부모와 자식 관계가 되려면 어떻게 해야 할까?'

아이와 엄마 그리고 가족에게 필요한 최선의 해결책을 찾아 차근차근 행동합시다. 아이들의 가능성은 무한합니다. 아이들을 키우는 건 인생 최대의 프로젝트!

아이에게 부모는 엄청나게 중요한 존재입니다. 아이는 부모와 주위 어른들에게 감정을 다루는 법과 표현 방법을 자연스럽게 배우고 익힙니다. 아이들이 자신의 감정을 현명하게 마주하고 자신의 미래를 개척할 수 있으려면 분노 조절 훈련을 실천해 부모와 아이가 함께 성장해 나가야 합니다.

엄마의 미소는 아이에게 최고의 마법을 선사합니다. 엄마의 함박웃음에 아이는 마냥 행복해집니다. 아이의 행복한 미소를 보면 엄마의 짜증과 화도 말끔히 사라집니다. 엄마와 아이의 미소가 따뜻한 가정을 만듭니다.

하루하루 열심히 사는
모든 엄마들을 응원합니다!

파이팅!!

맺음말

아이를 키우다 보면 속에서 천불이 나고 이러다 화병으로 쓰러지겠다 싶을 정도로 답답할 때가 많습니다. 정답이 없는 육아에 이렇게나 힘든데 남편은 별 도움이 되어 주지 않습니다. '윗돌 빼어 아랫돌 괴는' 식의 주먹구구로 육아를 계속해도 좋을까, 하루하루가 아슬아슬하고 불안과 걱정이 끊이지 않습니다. 남부럽지 않게 아이를 잘 키우는 것처럼 보이는 다른 엄마들을 보면 샘도 납니다. 아이 친구 엄마들 무리에서 소외되지 않도록 엄마 네트워크 관리에도 신경을 써야 합니다. 엄마가 되면 할 일이 또 얼마나 많은지…….

아이를 키울 때는 짜증도 나고 화도 나는 법입니다. 짜증이나 화 한 번 내지 않고 아이를 키우는 엄마는 없다는 사실을 잘 알고 있습니다. 그런데 어느 날 문득, 이대로 화를 내며 살아도 괜찮은지 슬그머니 걱정이 고개를 듭니다.

대부분의 엄마는 화를 내고 나서 죄책감에 시달리고 후회합니다.

화를 내는 게 잘못은 아닙니다. 화를 낸다고 나쁜 엄마가 되는 건 아니랍니다. 화는 우리가 사는 동안, 아이를 키우는 동안 꼭 필요한 감정입니다.

화를 내도 좋습니다. 다만 화내는 기준을 정해 두고, 화를 내고 나서 후회하거나 죄책감에 시달리지 않아야 합니다. 그리고 화를 내더라도 누구에게든 상처를 입히지 말아야 합니다.

화를 다스리는 게 관건이지만, '화내지 않는 육아'에 너무 집착하지 맙시다.

엄마가 얼굴 한 번 찡그리지 않고 화내는 모습 한 번 보지 못하고 자란 아이는 어떻게 될까요? 도리어 어른이 되었을 때 난감한 상황과 마주하지 않을까요?

아이를 위해서도 엄마 자신을 위해서도 화는 적절하게, 잘 내는 게 중요합니다.

이 책에서는 화를 대하는 사고방식과 분노 조절 방법을 당장 활용할 수 있도록 정리했습니다. 화를 다스리는 방법을 제대로 익히면 누구나 분노 조절의 달인이 될 수 있습니다. 오늘부터 하나하나 실천해 보세요.

머지않은 날, 분노 조절의 달인이 되어 육아를 신나게 즐길 수 있을 것입니다.

사단법인 일본 앵거 매니지먼트 협회 대표이사 안도 슌스케(安藤俊介)

부록 '분노 조절' 활용법

❶ 수를 세자 – 숫자 거꾸로 세기

- **어떤 효과가 있을까?** 화가 났을 때 너무 독한 말을 쏘아붙이거나 후회될 행동을 방지하거나 늦추는 효과가 있다.
- **어떤 때 사용할까?** 화가 났을 때 입이나 손이 먼저 움직이는 사람은 마음속으로 천천히 수를 센다.

---

❷ 마법의 주문 – 주문 외우기

- **어떤 효과가 있을까?** 자신을 타이르고 기분을 가라앉혀 상황을 객관적으로 바라볼 수 있게 해 주는 효과가 있다.
- **어떤 때 사용할까?** 화가 나려고 하면 바로 주문을 외우는 습관을 기르자.

---

❸ 호흡을 가다듬는다 – 심호흡하기

- **어떤 효과가 있을까?** 호흡을 가다듬어 냉정함을 되찾을 수 있게 해 준다.
- **어떤 때 사용할까?** 화가 나면서 호흡이 거칠어질 때 심호흡을 시작한다.

---

❹ 그 자리를 벗어난다 – 자리 피하기

- **어떤 효과가 있을까?** 그 자리에서 벗어나 화가 눈덩이처럼 불어나는 사태를 예방한다.
- **어떤 때 사용할까?** 상대방에게 화를 쏟아내고 싶을 때는 일단 그 자리에서 물러나자.

---

❺ 온도를 측정한다 – 분노지수 측정하기

- **어떤 효과가 있을까?** 화를 측정하는 잣대를 마련해 분노를 효과적으로 다스릴 수 있다.
- **어떤 때 사용할까?** 분노를 느낄 때마다 숫자로 표시하여 분노의 강도를 냉정하게 가늠해 본다.

---

❻ '분노 일기' 기록하기

- **어떤 효과가 있을까?** 글로 쓰는 동안 상황을 객관적으로 파악할 수 있다. 또 자신의 분노 유형과 방식이 한눈에 들어온다.
- **어떤 때 사용할까?** '화가 난다' 싶을 때 그 자리에서 바로! 분석은 마음이 가라앉고 난 후 나중에 해도 늦지 않다.

---

❼ 분노 패턴 바꾸기

- **어떤 효과가 있을까?** 자신의 분노 유형을 파악해 반복되는 분노 상황을 피할 수 있다.
- **어떤 때 사용할까?** 비슷한 방식으로 화를 내고 원치 않는 결과가 계속 나올 때 도전해 본다.

---

❽ '행복 일기' 쓰기

- **어떤 효과가 있을까?** 일기를 쓰며 소소하지만 확실한 일상의 행복을 느낄 수 있다.
- **어떤 때 사용할까?** 육아와 씨름하며 욱하고 화가 치미는 순간, 스트레스가 많이 쌓였을 때 쓰고 또 읽는다.